スコッチ三昧＊目　次

8 スコッチウイスキーとは何か 64

【発酵】

【蒸留】

【熟成】

第三部　蒸留所へ行こう 193

1　スコッチの地域と風味 194

スコッチ三昧

はじめに

このところハードリカーの消費が伸びなやんでいると言います。とくに樽で寝かせて琥珀色になったブラウン・スピリッツの衰退が著しいと。スコッチウイスキーも、その例外ではありません。

世の中すべて健康志向で、アルコール度数の高いウイスキーは敬遠されがちです。時代を解くキーワードは「ライト・アンド・ヘルシー」で、若者のウイスキー離れも、その一因だと言います。「価格破壊で高級イメージがなくなった」と、嘆く年配の方もいるかもしれません。

でも、本当に、スコッチの魅力はなくなったのでしょうか。ウイスキーを飲むと悪酔いするというのは、本当でしょうか……。

私は、そうは思いません。

スコッチはややもすると敷居が高く、気軽に家庭で楽しむというわけにはいきませんでした。でも、今は違います。

価格低下で手に入りやすくなったことと、このところ世界的なブームになっているシングルモルトが、スコッチの新しい時代を開いてくれています。

スコッチにはブレンデッドとシングルモルトの二つの世界があります。シングルモルトはブレンデッドの原酒で、かつてはほとんど瓶詰めされることがありませんでした。

私がスコッチの魅力にとりつかれたのもシングルモルトからでしたが、当時（今から十数年前）は、入手するのに本当に苦労しました。蒸留所も、今ほどオープンでなく、スコッチを知りたくても情報量はごく限られていました。

それが、今はどうでしょう。毎月、毎週のように新しいボトルが販売され、すべての蒸留所の、それも熟成年や蒸留年、樽の異なる個性的な新製品が次から次へと市場に出回るようになりました。数えてみたわけではありませんが、その種類は優に千を超え、スコッチの新しい楽しみが広がっています。

シングルモルトはワインと同じように、いやそれ以上に魅力的な酒です。

その魅力を知るのに、今ほど恵まれた時代はありません。スコッチ愛好家のひとりとして、感謝したい気持ちでいっぱいです。スコッチを、とりわけその中でもシングルモルトを知らないのは、本当にもったいないことだと思っています。

スコッチの新しい魅力を、ひとりでも多くの方々に知っていただきたいとの願いから、書かれたのが本書です。本書によって、スコッチの魅力に触れられんことを願ってやみません。

Q&A形式を採用したのは、セミナーなどの席で実際に多くの質問が寄せられたからでもあり、また、難解になりがちな話を、気楽に読んでいただきたいとの願いからです。

スコッチは楽しむ酒であり、スコッチを知るための本も、楽しいにこしたことはありません。どうか気軽に、これはと思ったところから読んでみてください。

第一部は、いわば入門編です。スコッチを存分に飲んでいる方は、第二部から入るのもよいでしょう。スコッチの製法、歴史を細かく述べています。

第三部はスコッチの背景と、スコットランドの風土、文化、それから実際に蒸留所巡りの旅をする際の、ノウハウを述べています。

スコッチは風土の酒です。百聞は一見にしかずと言いますが、スコッチを知る最良の方法は、実際にスコットランドを訪れ、蒸留所を見学することだと、信じて疑いません。

このささやかな本が、そんな旅のお役に立てれば、これ以上の喜びはありません。

最後になりましたが、この本を書くにあたっては高橋貴子さんの協力を得ました。この場をお借りしてお礼を申し上げます。

平成十二年五月

土屋　守

第一部　スコッチを楽しむ

1　バーに行ってみよう

Q．スコッチを飲むなら、どんなバーに行けばいいのでしょうか。

バーにはいろいろな種類があります。カクテル中心のバー、ボトルキープ主体のバー、それから最近はワインをショットで飲ませるワインバーといった具合に。しかし、スコッチを飲もうと思ったら、当たり前のことですが、スコッチをたくさん置いてあるショットバーに行くのが一番いいと思います。バーに入ったことがなくて不安だという方は、まずは一流ホテルのバーに行って、そこから飲み始めたらいいでしょう。

Q．一流ホテル以外のバーはどのようにして見つければいいのでしょう。

雑誌でスコッチバーの特集を組んでいたらこまめにチェックしておくのが一つの手です。いいバーならあちこちで紹介されていますから、そこから類推することができます。あるいはバーを紹介した書物を読むのもいいでしょう。巻末に参考書物をあげておきました。

また例外もいっぱいありますが、スコッチの銘柄やスコットランドの地名に関連する名前をつけているバーは、スコッチにこだわりを持っていることが多いものです。これは自分の足で探して見つけるしかないですね。あとは、実際にこれはと思うバーがあったら、とにかく入ってみることです。バーには、基本的にはカウンターがあって、その奥にバーテンダーあるいはバーの主人がいて、その後ろにボトルを置いてある棚があります。酒棚、バックバーといいますが、これはある意味でバーの顔なんです。ここにずらっとスコッチのボトルが並んでいれば、それはスコッチにこだわりのあるバーということができるでしょう。ただ、酒棚にスコッチがそれほど並んでなくても、実はものすごくこだわりがあって、今では手に入らないオールド・ボトルなど、珍しいボトルを置いているバーもあります。

巻末にスコッチにこだわりをもっているバーのリストを掲げました。シングルモルトなら一〇〇種類以上、ブレンデッドを合わせるなら一五〇以上、それ以外でもこれはというこだわりのあるお店ばかりです。とりあえずこのリストを参考にして、足を運んでみるのがいいのではないでしょうか。

付け加えていえば、いろんなバーをはしごして歩くというのももちろん良いのですが、それよりも、自分で気に入った、フィーリングの合うバーを見つけたら、そこの常連になってみるのがいいですね。常連になることによって、評判のお店だとか、スコッチをめぐる最新情報だとか、いろんなことをバーテンダーの方から教えてもらうことができます。珍しいスコッチ、自分の気に入るスコッチに出会うチャンスも多くなるのではないでしょうか。

Q．まずは、何から飲むのがよいのですか。

スコッチを製品として見た場合、シングルモルトとブレンデッドという二つの種類があります。どちらを飲んでもそれは好みの問題なのですが、ただ、ブレンデッドスコッチというのは、今まででもずっと日本に入っていたし、バーに行かなくても飲む機会がありますので、バーに行って飲むのには、シングルモルトをおすすめします。

シングルモルトというのはいわば地酒で、蒸留所の数だけ個性があります。今、スコットランドの蒸留所は約一一〇カ所ありますが、それぞれが風味の違う、個性の異なるウイスキーをつくっています。その中でも、最初はなるべく入門編みたいなものから飲んでいって、徐々に個性の強いものに、というふうに進んでいったほうがいいのかもしれません。

入門編というと例えば、「マッカラン」とか「クラガンモア」とか、あるいは、「グレンリベット」「グレンフィディック」といった、これらはスペイサイドの有名なウイスキーですけど、そういったやさしいモルトから飲み始めてみるのがいいのかなと。ハイランドも「グレンモーレンジ」とか「ダルウィニー」とか「グレンゴイン」といったやさしいものがたくさんあるので、それらから入っていって、徐々にアイラという島で作っているヘビーでピーティなものにいくのがいいでしょう。

ただし、スコットランド人もこういうすすめ方をするんですけれども、これはあくまで一般論であって、逆に、今までブレンデッドスコッチを飲んできた人は、ブレンデッドとはまるっきり個性の違う、アイラのスモーキーなモルトから入ってゆくのも一つの手かなと思います。そうすることによって一気に、『目からうろこ』じゃないけれども、シングルモルトのすごい世界を体験することができる。だから、どこから入ればいいという公式はないと思うんですね。

Q．いよいよ何を飲んでいいのか迷ってしまいます。

もし自分が何を飲んでいいかわからない、まだシングルモルトを飲み始めて日が浅いとすれば、一番いいのは、バーテンダーの方に相談をすることです。相談したら、これはワインと一緒で、どのようなタイプのものが飲みたいのか、聞かれると思います。そのときに、甘目のものがいいとか、あるいはピーティでスモーキーなものを飲んでみたいといった、個人的な嗜好やそのときの気分を伝える。そうすると銘柄だけでなく、一般的なオフィシャルボトル（蒸留所元詰めのウイスキー）がいいのか、それとも度数の強いものがいいのか、バーテンダーの方がいろいろとアドバイスしてくれると思うので、それに従って飲むのがいいんじゃないでしょうか。どんな好みにも応えられる幅広い知識と品揃えが、いいバーの条件でもあります。

Q．水割りを頼んでもいいのですか。

水割りが決して悪いとはいわないし、ウイスキーというのはどんな飲み方をしてもいいんです。ただ、さきほどもいったように、スコッチにはブレンデッドとシングルモルト、大きく分けると二つあります。ブレンデッドの場合には、どんな飲み方をしても合うようにつくられているから、水割りでもソーダ割りでも構わない。でも、シングルモルトというのは、香りや味の個性の違いを楽しむものだから、いわゆる一般的な水割りよりは、最初はストレートか、氷なしの一対一の水割りで味わっていただきたい。ロックはシングルモルトには合わないです。

Q．バーではいろいろな銘柄を試したほうがいいのですか。

もちろんです。毎回三、四種類、お酒の強い人は七種類でも八種類でも構わないけれど、例えばスペイサイドを飲んだら、次はハイランドを飲んでみるとか、あるいは、アイラを飲んだらローランドを飲んでみるとか、地域別で飲み比べてみるということをやったらいいんじゃないかと思います。これはバーだからこそできる飲み方です。

スコッチをだいたい一通り飲んできたという人は、例えば「マッカラン」なら「マッカラン」で、一〇年ものを飲んだら、次は一二年もの、その次は一八年を飲んで熟成年の違いを味わってみるというふうに、毎回少しずつテーマを持ってバーに行く。そうやってどんどん楽しみを広げていけばいいと思います。

Q．シングル、ダブルは、一杯につきどれぐらいの量ですか。

日本では今、シングルメジャーというと三〇ミリリットルのことをいっています。ですから、ダブルは六〇ミリリットル。ただ、アメリカとイギリスでは、それからイギリスの中でもイングランドとスコットランドではメジャーが微妙に異なりますから、海外で飲むときには量が異なる可能性もたくさんあるわけですね。

細かい話になりますけれども、イギリスでは一般的にオンスという単位を使います。目方ではなくてフロイドオンスという液量オンスのことですが、一オンスは、イギリスでは約二八ミリリットルのこと。ところが、アメリカでは、一オンスは三〇ミリリットル。日本はアメリカからメジャーが入ってきているので、日本でシングルというと三〇ミリリットルなのです。イギリスでは、ウイスキーを頼むと、一オンスのメジャーで量って、二八ミリリットルで出してくることが多いですね。もっとも、きちんと量ってないところも多いですけど。

Q．その他にどんな量り方がありますか。

ジガーという言い方があって、これは四五ミリリットルのことです。バーに行くとカクテルのメジャーがありますが、あれは通常、片方がシングルの三〇ミリリットルで、もう一方が四五ミリリットルのジガーという単位になっています。これがカクテルのベースになるわけです。ショットという言い方もありますね。ショットグラスのショット。あれは一般的にはシングルのことを言います。ですから、ワンショットが三〇ミリリットル。

それから、スコットランド、イングランドの古いカクテルブックなどに出てくる単位で、ワングラスという言い方もあります。ワングラスのウイスキーというのは六〇ミリリットルのことです。イギリスの場合は、さらにジルという言い方もあります。ジルというのは非常に古い言い方で、一パイントの四分の一のことです。一パイントは約五七〇ミリリットル。その四分の一だから、一ジルは約一四〇ミリリットルになります。その一ジルの五分の一が一オンスということですね。従って、さっき言ったように二八ミリリットルがイギリスでは一オンスになるわけです。

ただ、イングランドやスコットランドのパブやバーで厳密にこういうことをやっているかといったら、ちょっと疑問ですね。特にスコットランドの場合は、もう少しサイズが小さい、二五ミリリットルぐらいで一杯を計算しているんじゃないかと思います。こういうところからも、スコットランド人はケチだという俗説ができたのかもしれません（笑）。

Q．ドラムとは何のことですか。

スコットランドに行くと、「ギブ・ミー・ア・ドラム・オブ・〇〇」とか「ウィー・ドラム」

とかという言い方をよくしますが、これは「一杯の」という意味の方言でメジャーの単位ではありません。だいたい一オンスくらいと思って間違いありません。「ウィー」はこれも方言で「可愛らしい」という意味ですが、「ウィー・ドラム」というと逆に並々と注がれたグラスが出てくることがありますね。スコットランド人のユーモアのなせるわざとでもいいましょうか。

Q．バーで、おいしくないスコッチを出された場合はとりかえてもらえますか。

ワインの場合と同じで、おいしくないからといって取り換えてもらうことはできません。しかし、「これは気が抜けていますから換えてください」と言うことはできると思います。ただ、なかなか言い出せないでしょうけどね。

スコッチはワインと違って蒸留酒（スピリッツ）ですから、瓶の中で熟成が進行することはありません。また古いボトルの場合はまったく劣化がないとは言い切れませんが、現在のキャップの技術であれば、基本的には何年たっても大丈夫です。ただし、封をあけて残りわずかしかない場合、長い間日差しにさらされていた場合、あるいはお店で回転が悪いと、風味が落ちてしまうケースはあります。それはアルコールですから当然のことですが。

だからこそ、スコッチをちゃんと扱っているバーの常連になるのは意味があるということです。

2　スコッチの飲み方あれこれ

Q．スコッチには、どのような飲み方がありますか。

他のウイスキーと同様で、ストレート、水割り、ロック、ソーダ割り、それからカクテルなど、いろんな飲み方があります。ブレンデッドスコッチはどんな飲み方をしても構いません。もともとそういうふうにつくられている酒ですから。

ただ、シングルモルトの場合は本来、香りや個性の違いを楽しむ酒なので、それがわからないとつまらない。氷というのは、味も殺すし、香りも殺してしまいます。冷やすと何でもそうですが、本来の味がわからなくなる。だから、シングルモルトの場合には、水割りやロックはやらないほうがいいでしょう。やはり最初はストレートで飲んでほしいですね。

ただし、四〇%から四三%という度数は慣れない人にはきついので、水だけを加えて水割りにするという飲み方はあります。加水することによって香りの成分が花開いて、特徴がわかりやすくなる。これはスコットランドでもよくやるやり方で、バーでもパブでも、カウンターにちゃんと水が用意されています。自分の好みで水を割ってよろしいということですが、日本でいう水割りはちょっと頭の中から追い出していただきたい。

スコットランドでシングルモルトの水割りというと、氷は入れず、水とウイスキーはせいぜい一対一まで。アルコール度数を二〇%以下にすることはまずないし、やはり一般的にはストレートで飲むほうが多いんです。

Q．スコットランド人はよくスコッチを飲んでいるんでしょうか。

イギリスでは、ウイスキーは昔から課税の対象とされてきたので、今でもビールやワインに比べて非常に高いんですね。ウイスキー一本の値段の七〇％近くはイギリスの国庫に入る税金です。さらに、ビールなどと違ってヴァット（VAT）という付加価値税もかけられているので、一本のスコッチの実に八割以上が税金なわけです。スコットランドの人にとっても、スコッチというのは非常に高価な酒なんですね。だから、なかなか日常的にスコッチを飲むというわけにはいかなくなっています。イギリス国内消費の約二〇％がスコットランドで消費されると言われていますから、平均的なイングランド人に比べれば、スコットランド人のほうがスコッチを飲んでいますが、それでもはるかにビールのほうが多いですね。

ロバート・バーンズの像

そうはいっても、スコットランドの伝統的な行事や節目節目には、今でもスコッチが欠かせない。例えば、ホグマニーという儀式は大晦日のお祝いで、イングランドにはないんですけれども、必ずスコッチが必要です。それから、結婚式や葬式、ここでも必ずスコッチが必要となります。スコットランドの国民詩人、ロバート・バーンズの生誕を祝う「バーンズナイト」もスコッチがないと始まりません。

そういう意味では、スコッチは今も昔もスコットランド人の国民酒といっていいと思います。

Q．スコットランドではビールを片手にウイスキーを飲むと聞いたことがあるのですが。

それはハーフ・アンド・ハーフという飲み方で、今でも、やっている人は多いですね。スコッチは割高なので、バーやパブに行って何杯もおかわりするというのはなかなか難しい。そのときに、一杯のウイスキーを頼んで、チェイサーに水じゃなくてビールを頼むというやり方ですね。ウイスキーとビールをちゃんぽんにするから早く酔えるというので、こちらのほうが経済的な飲み方というわけです。またしても、スコットランド人はケチだといわれるゆえんです（笑）。

スコットランドのパブはビールが主体

Q．イングランドのパブにはビールしか置いていないというのは本当ですか。スコットランドではどうですか。

パブというのはもともとパブリックハウスの略語で、イギリス全土に約八万軒あるといわれています。パブはイギリスの社会生活になくてはならないもので、何事もパブがないと始まらない。パブは庶民の酒場なので、当然そこで飲まれるものは圧倒的にビールです。スコッチ一杯の値段は、日本の平均的なバーよりも安く、二分の一ぐらいの値段で飲めますが、ビールはもっと安い。だいたい一パイント（約五七〇ミリリットル）が二ポンド、三六〇円くらいです。だから、パブでビールが飲まれるというのは当然のことです。

ただし、パブにビール以外の酒は置いてないのかといったら、そんなことはないんで、ワインもあればシードル（リンゴ酒）、スコッチ、それからジンやウオッカなどもたくさん置いてあります。スコッチについていえば、特にスコットランドのパブは最近シングルモルトの種類が増えました。二、三〇種類ならどこでも置いてあります。イングランドのパブはもともとスコッチをそれほど置いていませんが、それでも最近はかなり増えました。初めてイギリスに行った頃は、ロンドンのパブでシングルモルトを見かけることはほとんどありませんでしたが、今はどこでも数種類のボトルが並んでいます。

Q．スコッチにもＴＰＯでの飲み方の違いがありますか。

食前酒、食中酒、食後酒というカテゴリーに分けるとすれば、スコッチというのは、もともとは食後酒です。食後ゆっくりとスコッチをストレートで飲むというのが本来のものでした。ただ、シングルモルトがこれだけ世界的にもブームになってくると、ワインと同じようにいろいろな場面で飲みたいという欲求も出てきます。

シングルモルトの中には、「ロングモーン」や「グレンマレイ」「グレンキンチー」「オルトモーア」のように食前酒として飲んだらおいしいものもたくさんあります。そういうものは、食後酒ということにこだわらずにシェリーや、あるいはキールのかわりに食前酒として楽しめばいい。

スコットランドに行くと、食前酒に結構、スコッチを頼む人が多いですね。

また、食中酒として食事と一緒に飲むのももちろん可能です。最近よく見かける光景ですね。ワインや日本酒、ビールと違って、スコッチの場合、水割りというのは無限大のつくり方があります。それこそ水をたくさん入れてビールぐらいの度数にすることも可能だし、ワインぐらいの度数にすることも可能、お湯割りだって楽しめます。

Q．水割りの水は、ミネラルウォーターでなければならないのですか。

スコットランドでつくられているウイスキーですから、マザーウォーターといって、ほんとうはスコットランドの水を使って割るのが一番いいわけです。今、スコットランド産のミネラルウォーターも日本に入っています。「ハイランドスプリング」が代表的なものですが、こういう水で割って飲むのが、スコッチの水割りには一番適しています。

「ハイランドスプリング」がなかなか手に入らないということであれば、日本の軟水のミネラルウォーターでいいんじゃないかと思います。スコッチはたいがい、軟水を使ってつくられていますから。大陸系のカルシウム分の多い、硬水のミネラルウォーターはスコッチ向きじゃないですね。普段僕が利用しているのも、日本産の「南アルプスの天然水」などです。

Q．硬水、軟水について教えてください。

一般的にいえばカルシウムやマグネシウムなどのミネラル分が多く含有されているのが硬水で、そうでないのが軟水です。水の硬度というのは、このカルシウムとマグネシウムを合計して炭酸カルシウム量に換算し、それが一リットル中にどれだけ含まれているか（単位はミリグラム）で表したものです。硬度二〇から一〇〇（mg／リットル）くらいが軟水で、それ以上が硬水です。

先の「南アルプスの天然水」が硬度三〇で、これはスペイサイドの「グレングラント」の仕込み水と同じくらいだといいます。スコットランドに多い泥炭層では軟水になります。もちろん例外もありますが。スコットランド産の「ハイランドスプリング」は軟水で、反対に「エビアン」などの大陸系のミネラルウォーターはたいがい硬水です。日本のミネラルウォーターもほとんどが軟水ですから、スコットランド産が手に入らなければ日本のものがよいと思います。

いうまでもありませんが、水道水というのはかなり危険です。危険というのは、塩素やカルキが入っていると、ウイスキーの香りに微妙な変化を与えるので、好ましくないということです。水道水は避けたほうがよいでしょう。

Q．水割り、あるいはロックに使うのは、普通の冷蔵庫の氷でもいいのですか。また、バーで使っている氷との違いは。

家庭の冷蔵庫でつくるキューブの氷はやめたほうがいいですね。まず、水道水を使ってつくられている。それから、どうしても中に空気が入ってしまう。空気が入ると溶けやすいし、さらに、冷蔵庫内の匂いがつく。あれはウイスキーを台無しにしてしまいます。

せっかくおいしいものを飲むときに、あれで水割りをつくる、あるいはロックにするというのは、もったいない。それだったら、売っている氷を買ってきてつくるのが一番じゃないでしょうか。バーでは氷や水にもこだわっていますから、そこで出されるロックや水割りがおいしいのは当然のことです。

Q．スコッチは、悪酔いしませんか。

しません（笑）。実際は個人差があって、何ともいえないですけどね。身近にも蒸留酒はいくら飲んでも大丈夫だけど、醸造酒の日本酒やワインを飲むと悪酔いをするという人がいたり、逆に、ワインや日本酒はいくら飲んでも平気だけど、ウイスキーを飲むと悪酔いするという人がいたりするのではないでしょうか。それは人によるのであって、スコッチだから悪酔いするかといったら、それはありません。どんな酒でも量が過ぎれば悪酔いはします。

Q．悪酔いしないためのスコットランド人の智恵みたいなものはありますか。

スコットランドでは日本と違ってつまみを食べながらウイスキーを飲むという習慣がありません。またストレートで飲むことのほうが多いので、「事前にミルクを一杯飲んでおけ」ということはあります。胃壁を保護するためですね。ただ、スコッチはどちらかというと食後酒という位置づけなので、すきっ腹で飲んでいることはまずないですが。

その他には、チェイサーで絶えず水を飲むとか。日本人のように胃腸薬を飲むというのはスコットランドではちょっと聞かないことです（笑）。

Q．ヘア・オブ・ザ・ドッグって何のことですか。

二日酔いの特効薬（？）のことですね。二日酔いは、英語ではハングオーバーといいますが、二日酔いのひどいときはどこの国も一緒で特効薬というのは実はないわけですよ。ところがイギリスでいわれているのがヘア・オブ・ザ・ドッグ。これはもともとイギリスの古い民間療法で、狂犬にかまれたときに、そのかまれた犬の毛を傷口にこすりつけると治るという言い伝えがあって、それのことをヘア・オブ・ザ・ドッグというわけですね。その言葉が後に、二日酔いの特効薬を指して使われるようになりました。何のことかといったら、迎え酒のことですね。

ただし、これをやったら結果がどうなるかは、誰もが知っていることですが。

Q．ウイスキーが体にいいという話は本当ですか。ポリフェノールが含まれているとも聞きましたが。

もともとスコッチは、スコットランド人が〝命の水〟と呼んでいました。なぜかというと、スコットランドというところは非常に気候風土が厳しいところで、今と違って、なかなか暖をとることができなかった。一日のうちに四季があるといわれているぐらいに天候が急変します。特にハイランドはそれが顕著なんですけれども、そういう中で手っ取り早く体を暖めて、なおかつ、気力、精神を高揚させるということで、スコッチは文字どおり命の水でした。農夫が朝、仕事に行く前にウイスキーを飲むという習慣があったくらいです。だから、スコッチを飲むことは体にとって大いに意味があったわけです。

またポリフェノールという物質が体にいいと最近よく言われていますね。スコットランドの研究所でもスコッチが体にいいということを立証しようといろんな分析が行われていて、その中でスコッチにもポリフェノールが含まれていることがわかってきた。ワインのポリフェノールとも違うし、あるいは、紅茶のポリフェノールとか、ウーロン茶のポリフェノールとか、そういったポリフェノールともまた違う。研究はこれからの段階ですが、成果が楽しみです。

　それを抜きにしても、ビールや日本酒に比べてウイスキーの場合は、カロリーが非常に低い。カロリー面でもスコッチはいいんですね。もっともカロリーを気にしてスコッチを飲んでいる人はいないと思いますが。

Q．スコッチのカロリーはどのぐらいですか。

ビール大瓶一本は約二五〇キロカロリーで、大きめの茶碗一杯の米飯と同程度の熱量です。ほぼ同じくらいのアルコール量のウイスキーということになるとダブル一杯、六〇ミリリットルのウイスキーが相当しますが、こちらのカロリーが約一五〇。ワインが同じくグラス二杯で一四五キロカロリー、日本酒は二〇〇キロカロリーになります。またアルコールのエネルギーは一部が熱として発散され、実際に摂取されるエネルギーの量は計算値よりも少なくなるのが特徴です。従ってあまり気にする必要はないということですね。

　それよりも最近の研究では、適量のお酒を飲んでいる人は飲まない人より長生きするというデータも出ています。ニッカウヰスキーの創業者、竹鶴政孝さんは亡くなるまで一日一本のウイスキーを飲んでいたといいます。それで八五歳まで長生きされた。一日一本というのはさすがにどうかと思いますが、飲まないよりは飲んだほうがいいのではないでしょうか（笑）。

	度数	アルコール量g	kcal《カロリー》
ウイスキー(ダブル60ml)	43%	20	150
ブランデー(ダブル60ml)	43%	20	150
ビール(大瓶1本633ml)	4.5%	23	247
ワイン(2杯240ml)	12%	24	144
焼酎(0.5合90ml)	35%	25	180
清酒(1合180ml)	16.5%	23	203

3　テイスティングしてみよう

Q．スコッチは、銘柄ごとに味が全然違うのでしょうか。

ブレンデッドスコッチもそうですけれども、シングルモルトの場合には、それぞれの蒸留所によってウイスキーの個性が全然違います。だから、一一〇の蒸留所でつくられているシングルモルトには一一〇の個性がある。それは、まったくシングルモルトを飲んだことのない人でも、香りや味の違いが顕著にわかるぐらいに違うものです。

Q．スコッチの場合のテイスティングはどのようにするのですか。

シングルモルトに限っていうと、これはワインの場合とほぼ一緒です。

第一に見るのは色です。同じ琥珀色（アンバー）に見えても、実は違いがあって、金色に近かったり、麦わら色に近かったり、ほんとうにさまざまです。極端なものは、それこそ白ワインのように色が薄いものがあったり、まるでコーヒーのように濃い色をしたものもあります。まず目で見て、この色の違いを確認する。白い紙を後ろに当てて、グラスを透かしてみるとよいでしょう。何種類かの酒を同時にやると、違いがよくわかると思います。

二番目は、香りをかぐということですね。香りをかぐというのが、シングルモルトの大きな楽しみの一つだと思いますが、それぞれのシングルモルトによって香りが全然違います。アルコール度数が四〇%か四三%のボトルの場合は、まずはストレートで香りをかいでみる。最初はあまり鼻を近づけ過ぎないほうがいいですね。徐々に近づけていって、最初にグラスから立ちのぼる香り、これをトップノートといいますが、それを書きとめて、それからゆっくりと、今度はグラスの中に鼻を入れるぐらいにして、どんな香りがするか、かいでみる。その次に、加水します。ミネラルウォーターか天然水を使って一対一の水割りにして、香りがどのように変化するかをみます。加水することによって、ウイスキーは香りが開いてくる。アルコール度数二〇%ぐらいのときが一番香りがわかりますね。ワインと同じようにグラスを回して香りを開かせるのも大事です。

その次に味ですね。口に少量含んでみて、すぐに飲み込むのではなく、舌の上で転がすというよりも、むしろ口の中の全域にしみるようにいきわたらせます。甘いのか辛いのか、軽いのか重いのか、コショウのようにピリピリするのか、それともクリームのようになめらかなのか、感じるままに思いついたことを表現してみてください。

その後でゆっくりと飲んでみて、今度は飲み終わった後の余韻というものを味わうんですね。口を閉じて鼻に息を抜いて、しばらくそのままの状態でフィニッシュを確かめる。これを、後味とか、あるいは、フィニッシュ、アフターテイストなどといいます。

いいウイスキーというのは香りも味も実に複雑で、さらに余韻が長く続くものです。時間とともに変化も楽しめます。べとつかず、まとわりつかず、キレがあって何杯でもおかわりしたくなる。さらに飲み干した後のグラスの残り香が、その場を素晴らしい香りで満たしてくれる。いいウイスキーは三〇分くらい残り香が続く。だからグラスも、しばらく下げないでほしいですね。

これらの印象を、すべて書いておくことが大切です。人間の記憶というのは曖昧だし、書きとめたものが溜まっていくのはスコッチを飲む楽しみにつながってきます。感じるままに、思いついたことを書けばいいんです。

Q．香りや味の表現がわからないのですが。

ワインと違って、スコッチのテイスティングというのは、ブレンダーという職業の人たちが品質をチェックするのが本来の目的なんですね。彼らには、香りの表現、味の表現のタームがあります。サークルになった表を使って、例えば、これはエステル、アルコール由来の香りであるとか、麦芽由来の香りであるとか、あるいは、これは熟成に使った木樽に由来する香りであるとかといったふうに評価してゆくわけですね。

しかしこれはあくまでも品質のチェックをするためであって、テイスティングを楽しむ人のための言葉じゃない。だから、そういったテクニカルタームを利用するのは得策じゃないというか、あまり意味がないですね。自分で楽しむということを主眼にするならば、香りや味の表現というのはもっと自由でいいと思います。

ただ、そうはいっても、スコッチの香りの中には一般的に認識しやすい要素もたくさんあります。例えば花のような香り。『フローラル』という英語の言い方がありますが、フローラルの中でもどんな花の香りを感じるのか、それを表現します。ある人にはバラやチェリーの香りであったり、ある人にはキンモクセイの香りであったりとかするでしょう。それは個人の経験によるところなので、その印象を自分の中の記憶と照らし合わせて書きとめればいい。

それから、果物のような香りがあります。『フルーティ』という言い方をしますが、その中でも、カラントだとか、ブラックベリーだとかいったベリー系の香りなのか、それとも、パッションフルーツやマンゴー、パパイヤといった南国の果実の香りなのか、あるいは洋ナシやリンゴ、オレンジのような香りなのか。

また、もともと穀物を原料にしているので、穀物のシリアル系の香りとか、麦芽の香りとか、そういった香りもたくさん含まれています。

さらに、スコッチにはほかのウイスキーにはない大きな特色があって、それが『スモーキー』な香りですね。ピートという泥炭をたいて薫香をつけるので、『ピーティ』という言い方もしますが、燻製のような独特な香りが強いものがあります。それから、ある種のものには、ヨードのような香りとか、海のような香りとか、極端な場合は消毒液、オキシフルのような香りとかも感じられると思います。

こういったある種のパターンを基に、だんだんと自分の体験に基づいた独自の表現をすればいいと思います。

テイスティングはやってみればわかりますが、非常におもしろい体験になると思います。できれば一人でやるより、気の合った仲間とやれば、楽しみも倍加する。堅苦しく考えずに、自由な発想で、謎解きのようなおもしろさを味わってほしいですね。

Q．テイスティングのときに何か注意する点はありますか。

ブレンダーは、実際には飲まないので、テイスティングではなくノージングといいます。彼ら

Whisky Wheel

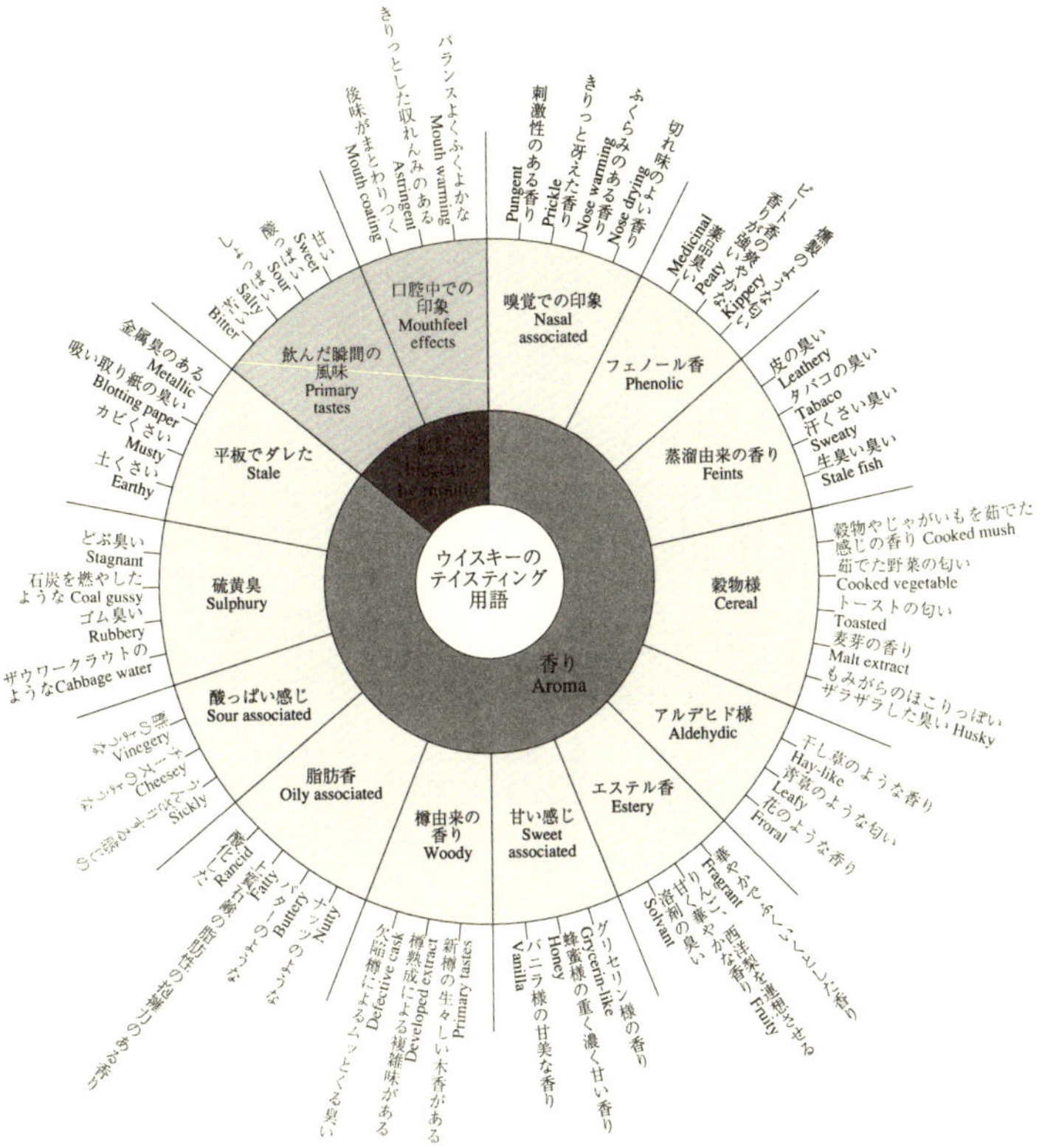

『樽とオークに魅せられて　森の王《ウエルクス》の恵み、ウイスキー・ワイン・山海の幸』より

の仕事は大体午前中でおしまいです。午後は嗅覚が鈍ってしまうということで、大体午前中に何百種類とやるわけです。また人間の嗅覚というのは、まったくの空腹でもだめですが、満腹でもだめなんですね。

それを真似する必要は全然ないんですけれども、どうせやるなら日中のほうが香りがわかっていいでしょう。極端な空腹時は避けたほうがいいですね。できればそのときに、クラッカーとか、あるいはフランスパンとかを用意しておいて、合間にそれを口に入れながら、それから、もちろん水を飲みながら、たえず舌も鼻もフレッシュに保ちながらやるということですね。夜にやる場合は、そうしたクラッカー類をつまみながら、まずテイスティングをやって、それから食事やつまみを出せばいいと思います。テイスティングは、あくまでも楽しみとしてやることですね。

Q．飲み比べをするときのスコッチを選ぶ基準はありますか。

僕があちこちのセミナーでテイスティングを行うときに、最初の入門編としておすすめしているのは、シングルモルトの地域別の個性を楽しむということです。シングルモルトの生産地域の分け方にはいろんな方法がありますが、一般的には四ないし六に分けます。それぞれの地域を代表するモルトを選んで、地域によって香りや味がどう違うのか、それを体験するわけです。UDV社の「クラシック・モルト・シリーズ」などは最適かもしれないですね。これは北ハイランド、西ハイランド、ローランド、スペイサイド、アイラ、アイランズを代表する「ダルウィニー」「オーバン」「グレンキンチー」「クラガンモア」「ラガヴーリン」「タリスカー」の六本で、入門編としてはおすすめです。

ＵＤＶ社のクラシック・モルト・シリーズ

そうでなければ、一つの蒸留所のものでいろんなものを飲んでみる。これは熟成年数によってウイスキーの風味がどのように違ってくるかをみるわけで、他にもシェリー樽やバーボン樽による違いを体験したり、蒸留所元詰め（オフィシャル）と独立瓶詰業者のボトルを飲み比べたりといったやり方があります。何かテーマを決めてテイスティングをすれば、おもしろさも倍加すると思います。

Q．ブレンデッドウイスキーは、テイスティングはしないのですか。

ブレンデッドウイスキーも当然テイスティングの楽しみはあります。ただ、ブレンデッドの場合には、シングルモルトほどは個性がはっきりしない。はっきりしないというのは、特に初心者の人にはなかなか違いがわからないということで、シングルモルトからやるのが一番だと思います。なれてきたら、ブレンデッドでも同じことをやればいい。ブレンデッドウイスキーがそれに値する酒であるのは間違いありません。

最近、僕がよくやるのはシングルモルトとブレンデッドの同時テイスティング。でたらめにやってもしょうがないですが、ブレンデッドを構成するキーモルトを順にテイスティングして、最後にそのブレンデッドを飲むと、ブレンデッドウイスキーのすごさがよくわかります。「バランタイン」とか、「ジョニーウォーカー」とか「シーバスリーガル」とか、キーモルトがわかっているブレンデッドもたくさんありますから、こういった銘柄でやるとおもしろいですね。

4　保存について

Q．スコッチに賞味期限はありますか。

スコッチというのは樽の中では熟成をしますけれど、瓶に詰めた瞬間から熟成は止まってしまいます。現在の瓶詰めの技術でいえば、瓶詰めされた段階から品質が変化するということはありません。ですから、封を開けなければ、賞味期限というのはないといっていいと思います。

Q．保存をする場合に気をつけることはありますか。

スコッチはお酒ですから、お酒一般に共通する常識的な線があります。それは、直射日光に当てないとか、極端に温度の高いところ、低いところに置かないとか、温度変化のあるところに置かないといったことです。この常識の線を超えなければ、一般論としては何年でも品質は変わらないということはできます。たまに冷蔵庫に保存している方もいますが、まったく必要ありません。あまり光が当たらなくて温度変化の少ない所に保存をしておけばいいんじゃないかと思います。一般の家庭でいえば押し入れなどですが、そこまでやる必要もないでしょう。ワインのように寝かせておく必要もないですし、ワインや日本酒に比べれば保存にそれほど気を遣う必要はないと思います。

Q．戦前の古いスコッチをもらったのですが飲んでも大丈夫ですか。

ウイスキーの場合には、品質が劣化するということは通常あり得ないので、理論的には一〇〇年前のスコッチも変わらずに飲めるということです。ただしこれは前にもいいましたが、瓶詰めの技術、特にキャップの技術が、一〇〇年前のものは今のものに比べると劣っているので、どうしてもそこの部分からアルコールが飛んでいる可能性があります。だから、戦前の古いスコッチで保存状態のいいものはまったく味が変わってないと思いますが、そうでないものもよく見かけるので、大丈夫かどうかは結局は飲んでみないとわからないということですね。

Q．スコッチが品質的に傷むことはありますか。

ワインの場合でも同じことが起きるのですが、封を開けていないのに、外から見ただけでも中身が減っているボトルというのがありますね。アルコールが蒸発していって量が減ってしまったもの。極端に液面が下がっているものは、味が劣化したと考えていいと思います。しかし、飲んでお腹をこわすとか、そういうことではありません。

これは品質とはまったく関係ないのですが、スコッチ、特にシングルモルトの中には白く濁って見えるものがあります。これは低温濾過処理を施していない樽出しのもので、逆にいうとそれだけナチュラルなものといえるわけです。劣化とは関係がありません。むしろ通は、こちらのほうを好む傾向がありますね。

Q．封を切ったらどれくらいで飲み切るのがいいのですか。

封を切ったらウイスキーの味は変わる可能性があります。それはアルコールとともに香味成分も飛んでいくからですね。だから、一般論でいえばなるべく早く飲んでしまったほうがいい。通常は、ボトルにもよりけりですが、封を切ったら二、三カ月、長くても半年くらいで飲み切るのがいいと思います。これくらいだったら、まず劣化することはないでしょう。

それと、バーの環境が開栓した後のウイスキーを置いておくのにいい環境かというと、必ずしもそうは言えないと思います。バーは、空調が入っているし、人の出入りはある、温度差がある、タバコの煙だってあります。それを考えると、バーにもよりけりですが、ボトルの回転がいいところに行くべきだといえますね。

5　グラスについて

Q．スコッチを飲むとき、どんなグラスで飲めばいいのでしょうか。

これもほんとうに好みであって、決まりはありません。どんなグラスで飲んでもいいんです。ただシングルモルトをテイスティングする場合は、ロックグラスのようなグラスではなく、口の部分がややすぼまった、小ぶりのチューリップグラスみたいなものが一番適しています。少量、二〇ミリリットルくらいでいいんですが、スコッチが入ってさらに水を加える大きさがあって、ワインと同じようにグラスを回して楽しむことができるもの。チューリップグラスだと香りの成分を逃がさずに閉じ込めてくれます。それから、カットや模様が入っていると色がよくわからないですから、何の飾りもないシンプルなのが一番いいですね。

しかし、これは香りや味を試そうという場合であって、自分が飲みなれているシングルモルト、例えば、「ラフロイグ」を食後に一杯か二杯飲もうという人がバーに行って、あえてチューリップグラスで飲む必要はないわけです。味も香りもよくわかっているという場合には、さまざまなカットが施されたクリスタルのショットグラスやロックグラスで飲むのも、酒の楽しみとしてあると思います。

ブレンデッドの場合には、飲み方によって、氷を入れて水割りにするときにはタンブラーとか、ストレートのときはチューリップグラスとか、ロックのときはオールドファッションとか、そう

（前列左から）ショットグラス、テイスティンググラス（スコッチモルトウイスキー・ソサエティ）、ロックグラス、リーデル社のシングルモルト用グラス、アードベッグの蓋つきグラス、（後列左から）チューリップグラス、リーデル社のコニャックＶＳＯＰ、ＸＯ、タンブラー

いうふうに使い分ければいいと思います。

Q．チューリップグラスがない場合はどうしたらいいですか。シングルモルト専用のグラスはありますか。

僕が最近気に入っているのは、リーデル社のブランデーグラスで、コニャックXO、それからVSOPというグラスです。これはなかなか優雅なグラスで、少々高いですけれども、シングルモルトを楽しむにはいいと思います。そういうものがなければ、ワイングラスの小さいものを用意すればいい。ブランデーグラスでもいいですね。といっても、手の上で転がすような大きなグラスじゃなくて、小ぶりのものですね。シェリーグラスの中にもシングルモルトに適したものがあります。グラスを探すのも、スコッチの楽しみのひとつだと思います。

何年か前に、リーデル社が「アベラワー」

のキャンベル・ディスティラーズ社と組んで、シングルモルト専用のグラスを発売しました。僕も持っていますが、これも確かにシングルモルトを飲むには優れたグラスだと思います。

Q．グラスが変わると、味わいや香りも違ってくるのでしょうか。

驚くほど変わります。香りや複雑な味わいを引き出すには、グラスの形状や、それから厚みといったことも影響します。唇に触れるときの感触ができるだけ薄いほうがいい。薄ければそれだけ口当たりも柔らかいし、酒本来の味を楽しむことができる。厚いグラスとはまるっきり違います。だから、グラスというのは、非常に重要です。

シングルモルト専用のリーデル社のグラスも、薄いクリスタル製で、なおかつ上部が微妙にすぼまっています。薫りを閉じこめると同時に水を加えることができるような容量があり、口に当たる部分の角度も非常に微妙です。口に入ってくるときのウイスキーの幅というものまで計算をしています。口径の大きなグラスでウイスキーを口に入れると、いきなり入ってきちゃうんですね。幅が狭ければ狭いほど口当たりが柔らかく、デリケートな味が堪能できる、というのがリーデル社の主張なんです。

実際飲んでみると、ほんとうにその通りだと思います。他のグラスと飲み比べてみると、これが同じウイスキーかと思うほどです。それほどグラスによって味が変わるんですね。ただ僕個人の好みでいうと、ステム（脚）が長いほうが好きなんですが。

Q．グラスの手入れで気をつけることはありますか。

とにかくきちんと拭くことが大事でしょうね。クリスタルグラスは特に扱いが難しいんですが、アイリッシュリネンなどの上質のリネン、あるいは上質のコットンできちっと拭き取るということが、大変重要なことではないかと思います。バーに行ってバーテンダーの鮮やかな手つきを見ているだけでも、期待に胸が膨らみますね。拭き方のコツを教えてもらえばいいと思います。いいバーは、グラスにも大変こだわっています。

6　スコッチを買いに行く

Q．珍しいスコッチを手に入れるにはどうすればよいですか。

問題は、いかに情報を集めて、こだわりのある店を探すか、ということですね。やっぱり口コミか、親しいバーテンダーの方に情報をもらうのがいいのではないでしょうか。最近ではインターネットでも買えますし、専門店では定期的にメールでボトルリストを送ってくれるところもあります。

一般に売っていないスコッチを手に入れる方法としては、会員制の組織などを利用する手があります。例えばスコッチモルトウイスキー・ソサエティ。エジンバラのリースというところに本部があります。これは会員組織で、入会費、年会費を払わないといけないんですが、会員になるとボトルリストが送られてきて、郵便、あるいはファックスでウイスキーを注文することができます。メンバーズオンリーの、一般には売られてない酒です。日本にも現在、支部があるので日本語でOKです。連絡先は巻末の資料を見てください。

もっとレアなものを手に入れたいと思ったら、もう一つの方法としてオークションがあります。スコットランドで言うと、オークション会社の老舗であるクリスティーズのグラスゴー支店が毎年、ウイスキー・オークションをやっています。事前に問い合わせてカタログを手に入れておけば、日本からでも電話や、あるいは手紙でも参加できます。

Q．同じ蒸留所のスコッチでもいろいろな業者の名前で売られているのはなぜですか。

それはボトリングを専門にしている独立瓶詰業者があるからです。例えば「グレンリベット」を例にとると、グレンリベット蒸留所がオフィシャルとして出している「グレンリベット一二年」とか「一八年」とかいうのがある一方で、それ以外のラベルの「グレンリベット」をよく見かけます。それが独立瓶詰業者、インデペンデント・ボトラーズの出している「グレンリベット」です。

彼らは蒸留所を持っていないので、自分ではウイスキーをつくれない。だから蒸留所に直接行って、蒸留所で樽を買います。通常は蒸留したてのもの、新樽を買うわけですが、それをそのまま蒸留所の倉庫で熟成させて、熟成が完了したところで自分のところに運んでボトリングをして、自社のラベルを張って販売する。中には自社で熟成庫を持っているところもあります。そういう独立瓶詰業者のものは、オフィシャルのものとはまた違う味わいを持っているわけですね。

だから、「グレンリベット」一つ取り上げてみても、オフィシャルの「グレンリベット」というのはせいぜい数種類しかないんですけれど、瓶詰業者の「グレンリベット」を合計したら一〇〇とか二〇〇になるでしょうね。シングルモルトの数というのは、蒸留所の数だけあるといいましたが、そういう独立瓶詰業者のものも含めると、一〇〇〇とか二〇〇〇になるわけです。

Q．なぜ同じ蒸留所のものでも味わいが違うのですか。

これは後で詳しく述べますが、ウイスキーは樽によって風味がまったく変わってきます。極端なことをいうと樽ごとに個性が違います。

オフィシャルボトルというのは、通常は五〇とか一〇〇とかのたくさんの樽を一度、『ヴァッティング』といって、すべてミックスします。というのは、グレンリベットを例にとるなら「グレンリベット一二年」の味が毎年変わってはいけない。ここがワインと大きく違うところですね。ワインの場合は、ビンテージによって味が変わってもいい、いや、変わるのが当然なんですけれども、ウイスキーの場合には、「グレンリベット一二年」といったら、それこそ一〇年前の「グレンリベット一二年」と今の「グレンリベット一二年」の味が変わっては、基本的にはいけないわけです。

そうはいってもウイスキーも自然の産物ですから、毎年毎年、味が微妙に変わってしまう。樽によっても個性が違ってきますしね。それを調節するために何十樽という樽をミックスして平均値を出してくるわけです。これがオフィシャルボトルの特徴で、さらにいうと、加水をして四〇%から四三%にアルコール度数を落とすということもやるわけですね。

それに対して独立瓶詰業者の場合は、そんな複数の樽を使えませんから、通常は、ヴァッティングをやってもせいぜい数樽でしかない。極端な話、一樽からしかボトリングできないこともあります。そうすると、味の調整がきかないので、それも個性ということで逆にそれを売り物にするんですね。瓶詰業者が出してくるボトルというのは、毎回、味が違って当然なわけです。だから、ほとんどの場合、『何年蒸留』というビンテージと、樽の種類を表示します。今、スコットランドで有名な瓶詰業者は、ゴードン&マックファイル、ケイデンヘッド、シグナトリーなどいろいろとあって、それぞれ違うものが出てきます。同じ蒸留所でつくられたものでも、会社が違えば、味わいも個性も違うということなんです。

Q．個人でも樽でスコッチを買うことはできますか。

蒸留所によりけりですが、可能です。例えば、アイル・オブ・アラン蒸留所とか、キャンベルタウンのスプリングバンク蒸留所とか。こういうところは積極的に個人に売っているので、個人でも樽を購入することが可能です。方法としては、蒸留所に直接問い合わせるしかないのですが、アラン蒸留所は日本に代理店を設けているので、情報がとりやすく、日本語で注文することも可能です。日本で直接買えるのはここぐらいでしょう。連絡先は巻末の資料を見てください。ほかの蒸留所では、個人に売ることは一般的にはありません。

Q．一樽いくらくらいですか。

樽のサイズによっても違いますが、アラン蒸留所のものを例にとると、二五〇リットル入りの樽（ホグスヘッド）が一四二五ポンド（約二六万円）。これはいわゆる新樽、蒸留したての樽のことです。この値段の中には一〇年間の保管料と、その後のボトリング代も含まれています。七〇〇ミリリットルボトルで、二四〇本まで保証されていますね。実際にはその後日本に持ってくるわけですから、運送費と輸入関税、さらに日本の酒税が別途かかることになります。一本あたりで計算すると、どんなに高く見積もっても三〇〇〇円前後でしょうか。世界にたった一つしかない〝マイ・ウイスキー〟ですから、夢がありますね。イギリスでは結婚記念とか、子供が誕生したときに樽を購入して、一〇年後、二〇年後にボトリングするというのが結構ポピュラーです。

Q．昔と比べてスコッチはずいぶん安くなりました。税金が下がったと聞きましたが。

ウイスキーの酒税の問題ですね。ここ数年ずっと、スコッチ業界やアメリカも含めた諸外国が日本政府に要求していたのは、ウイスキーの酒税が国産の蒸留酒に対して高すぎるから引き下げろということでした。手っ取り早くいえば、焼酎類に対して、同じ蒸留酒というカテゴリーでありながら、不当にウイスキーだけ税が高かった。そのことをＷＴＯ（世界貿易機関）に提訴して、日本は負けたわけですね。最終的に一九九七年の合意によって、ウイスキーの酒税は日本の焼酎並みになり、その分、一本あたり何百円という単位ですが、安くなりました。

しかし、もっと大きな理由は、日本の円が強くなって、相対的にポンドが下がったことです。それこそ一ポンドが一〇〇〇円の時代の値段と、今、一ポンドがせいぜい一八〇円くらいですか、それと比べてみれば、スコッチが安くなったのは当然のことですね。

Q．スコッチを贈答品として贈るときの注意点はありますか。

昔は、スコッチというのはそれほど銘柄もなかったし、贈ればたいてい喜ばれました。今、値段もかなり下がって、昔の高級品というイメージがないですね。昔のイメージでスコッチを贈っても、あまり意味がないかもしれない。贈られる側のスコッチに対する認識を事前に知っておく必要があるでしょうね。相手がスコッチを普段どの程度飲み、どの程度知っているかによって、何を贈ればいいか、変わってくると思います。珍しいとか、高級だからというだけじゃなくて、自分がほんとうに好きで、相手にも飲んでほしいものを贈ったほうがいいんじゃないかと思います。

それからスコッチは海外からの土産として昔はよく利用されましたが、これも今ではあまり意味がないですね。酒税等が下がったこともあって、日本のディスカウント店で買ったほうが、海外の免税店で買うよりも安いといったケースもあります。

7　ラベルでうまいスコッチを見分けよう

Q．ラベルには何が書かれているのですか。

銘柄やウイスキーの種類、どこで生産されたかなどが書かれていますが、法律的に表示しなくてはいけないのは、アルコール度数と容量、それから、蒸留者、製造者の会社名と住所です。

Q．ラベルを見て、シングルモルトかブレンデッドウイスキーかの区別はつきますか。

それはラベルに必ず書かれています。『シングルモルト』という言葉、あるいは『ピュアモルト』という言葉が入っていれば、ほぼシングルモルトと見て間違いないですね。複数のモルトを混ぜてある場合には、シングルではなく『ヴァッテッドモルト』と書いてあります。ブレンデッドの場合には、必ず『ブレンデッドスコッチ』という表示がどこかに出ていて、これには例外はありません。

Q．アルコール度数の表示で、%とプルーフの違いは何ですか。

スコッチの場合は、昔のようなプルーフ表示というのはあまりしなくなりました。四〇%とか、四三%とか、あるいはカスクストレングス（樽出し）だと五〇何%とかいった、アルコール度数表示をすることが一般的になっています。これは容量に対するアルコールのパーセントのことです。アルコール濃度と言っていいかもしれません。

それに対してプルーフというのはアルコール強度のこと。スコットランドでは昔、火薬にウイスキーをかけてその燃焼具合でアルコールの強度を計りました。『プルーブド』——証明されたということで、プルーフという言葉を使ったんですね。これがアメリカにも伝わったんですが、アメリカとイギリスではプルーフ表示が異なります。

アメリカのプルーフというのは一〇〇%アルコールが二〇〇プルーフという換算なんですね。だから、例えばアルコール度数が四〇%のものは、その倍の八〇プルーフというのがアメリカンプルーフです。ところが、イギリスのプルーフは伝統的に一〇〇%アルコールのものが一七五プルーフになっています。そうすると、一般的な四〇%のボトルは七〇プルーフになります。つまり五七・一%で一〇〇プルーフですね。

Q．ラベルに書かれている熟成年の意味を教えてください。これは法律で決められているのですか。

ラベルに書かれている熟成年表示は、きちんと法律で決められています。一番新しい法律は、一九八八年のスコッチウイスキー法で、ここでも明確にうたわれています。

スコッチウイスキーは、平均年数ではなくて、その中に入っているウイスキーの最低の熟成年を表示しなければなりません。だから、例えばブレンデッドスコッチの場合、モルトウイスキーとグレーンウイスキーを数十種類ブレンドするわけですが、その中で熟成が一番若いものが八年物だったとすると、たとえその中に五〇年物が使われていようが、熟成年表示は八年でなければならない。そういう法律です。つまり熟成八年と表示してあれば、使用している原酒の一番若いのが八年だということです。もちろん、瓶詰めしてからの年数はカウントしていません。

Q. 古ければ古いほどいいウイスキーなのですか。

熟成年が古ければ古いほど、一般論として値段は高くなります。ただし、値段が高くなるからいいウイスキーかといったら、必ずしもそうとはいえません。スコッチの場合には、熟成は他のどのウイスキーに比べても長いですが、それでも通常は一〇年から二〇年の範囲でピークに達するといわれています。ですから、二〇年を超えたもの、三〇年物とか、四〇年物などは、非常にレアではあるけれども、もしかすると熟成のピークを過ぎてしまっているかもしれない。だから、一概に年数が古ければ古いほどいいというものでもないのです。中には三〇年、四〇年かけてピークに達するものもありますが、そういうのはほんとうに希少価値で、だから値段も高くなるのですね。

Q. カスクストレングスとはどういう意味ですか。それからシングルカスク、シングルバレルとは。

カスクというのは樽のことで、ストレングスというのは強さのことですね。スコッチは、通常、ボトリングするときに水を加えて、四〇%とか四三%にアルコール度数を落とすんですが、カスクストレングスというのは、水を加えずにそのまま瓶詰めしたもので、樽出しという意味です。ですから、カスクストレングスの場合には、決まった度数というのがありません。普通は五〇数

％とアルコール度数も高くなるのですが、中には四〇％近いものもある。熟成年数の非常に長いものだと、その間にアルコールが自然に減ってそうなってしまいます。

シングルカスク、シングルバレルというのは一つの樽から瓶詰めしたものをいいます。シングルとは一つのという意味で、カスクは樽、バレルも樽のことです。これは後で説明しますが樽はサイズによっていろいろな呼び方があって、バレルというのは容量一八〇リットルの樽のことを指しています。

Q．ダブルウッドとはどういう意味ですか。

ウッドというのも樽のことですね。通常、シングルモルトの場合は、シェリー樽を使うにせよ、バーボン樽を使うにせよ、一度樽に詰めたら、瓶詰めするまではその樽からあけません。熟成には一つの樽しか使っていないわけです。

ダブルウッドというのは、例えば一〇年バーボンの樽で寝かせて、さらにその後二年間をシェリーやポートワインやマデイラ酒の樽で寝かせたりすることを言います。異なる二種類の樽を使うことからダブルウッド。三種類の樽を使うということは普通はありません。すべての蒸留所のモルトウイスキーに当てはまるということでは決してありませんが、バーボン樽で寝かせたものとシェリー樽で寝かせたものでは風味が全然違うわけですね。そのいいところを取ろうということだと思います。あまり一般的な手法ではないですが、有名なところでは、「グレンモーレンジ」などはダブルウッドで成功していますね。

Q．ボトルの容量は一定に決まっているのですか。

ラベルに「70 cl」とあれば、「cl」はセンチリットルのことですから、七〇〇ミリリットルということですね。ＥＵでは今、ボトル一本が七〇〇ミリリットルにほぼ統一されています。ＥＵ以外の国に輸出をする場合には、七五〇ミリリットルというのもあります。かつてはこちらのほうが一般的でした。日本に輸入されているものは、大体七五〇ミリリットルが多いですね。でも、将来的には七〇〇ミリリットルに統一されるかもしれません。それとは別に免税店で「お買得」を強調するために一リットルのボトルをよく売ってます。関税法上、「一本」の上限が一リットルだからですね。

Q．ボトルの色には意味がありますか。

品質管理という面ではまったく意味がありません。多分にデザイン的なものです。昔、製造がかなり粗かった時代には、ボトルに色がついていたほうが中身が変質しないと考えられていたのかもしれません。初期のころは技術的に透明ボトルがつくれなかったという理由もあります。透明ボトルがつくられるようになったのはそれほど古いことじゃないですから。

Q．ボトルの材質は味に影響しますか。

味にはまったく影響しません。通常はガラスのボトルですが、クリスタルのものもあるし、高いものには陶器のボトルなどもあります。イギリスにはウェッジウッドやロイヤルドルトン、スポードなど、有名な窯がたくさんありますし、ウイスキーというのはあくまでも嗜好品なので、ボトルによって付加価値をつけるということは当然あります。

Q．中身の色が濃いほうがおいしいのですか。

色が濃いからおいしいとか、薄いから味が薄いとかいうわけではありません。ウイスキーというのは蒸留酒で、蒸留したてのものは無色透明です。ウイスキーの色というのは、樽で寝かせる間に樽の成分がしみ込んで、ああいう色になるわけですね。だから、使う樽、熟成年数によって色が変わります。一般論でいえば熟成年数が長ければ長いほど濃い色になります。それからバーボン樽とシェリー樽では、シェリー樽のほうが濃い色が出ます。しかしこれは前にも言いましたが、おいしさとは関係がありません。

それから、スコッチの場合には、色の調整ということでカラメルを加えることは法律的に許されています。ただし、このカラメルも、人工的なカラメルじゃなくて、天然のスピリッツカラメルですし、それによって味が変わったり、甘味がつくことはありません。あくまでも色の調整用です。

8　スコッチウイスキーとは何か

Q．そもそもスコッチウイスキーとはどのように定義されるお酒なのですか。

大まかにいうと、スコットランドで蒸留されて、スコットランドで熟成されたウイスキーのことをスコッチウイスキーといいます。その前に、ウイスキーというのは蒸留酒の一種で、まず、穀物を原料とし、それから、蒸留酒であり、そして木の樽で熟成させることが必要です。①穀物原料、②蒸留酒、③木樽熟成、この三つの条件を満たして、初めてウイスキーということが許されるわけですね。

スコッチというのは、まず、そのウイスキーの定義に当てはまることが第一条件。その次に、スコットランドでつくられ、スコットランドで熟成されて、初めてスコッチウイスキーになります。熟成期間も、三年以上樽で寝かせることと、法律でちゃんと決められています。したがって熟成年数がそれ以下のものは、たとえスコットランドでつくられてもスコッチウイスキーとはいえません。巻末にスコッチウイスキー法に定められたスコッチの定義を掲げてあります。興味があれば見ておいてください。

Q．原料は、スコットランド産でなくてもよいのですか。

全然構いません。スコットランド産以外の穀物を使って蒸留をしても、先の条件が満たされていればそれはスコッチといえます。

Q．ウイスキーと同じ種類のお酒を教えてください。

そもそも、すべての酒は三つのカテゴリーに分けることができます。一番目は醸造酒。あるいは発酵酒ともいいます。二番目が蒸留酒、三番目が混成酒です。醸造酒というと、一般的には、日本酒とかビール、ワインがすべてこれに当てはまります。蒸留酒というのは、もともと醸造酒があって、それを蒸留器にかけて蒸留をして、アルコール度数を高めたものです。混成酒というのは、醸造酒や蒸留酒に薬草などを入れてつくられたもの。代表的なものはリキュール類ですね。

ウイスキーは二番目の蒸留酒の中に含まれます。ウイスキー以外の蒸留酒には、例えば、ジン、ウオッカ、テキーラ、ブランデー、ラム、日本の焼酎などがあります。

Q．ウイスキーと他の蒸留酒との違いは何ですか。

まずは原料が異なること。蒸留酒ではいろんな原料を使うことが可能です。例えばブランデーの原料はブドウ、つまり果実ですね。最初に醸造酒であるワインがあって、それを蒸留してブランデーがつくられる。イタリアのグラッパなども同じです。しかし、これらは穀物を原料にしていないのでウイスキーとはいえません。

次に熟成の違い。例えば焼酎には、麦焼酎やソバ焼酎、コメ焼酎などがあり、これは穀物を原料にしています。ただ、同じ穀物原料でも、焼酎は基本的には樽で寝かせません。ここがウイスキーと大きく違うところです。

産地	タイプ	原料	蒸留法	貯蔵期間
スコッチ	モルトウイスキー	大麦麦芽のみ	単式蒸留器 2回（3回）	3年以上
	グレーンウイスキー	トウモロコシ、小麦、大麦、大麦麦芽	連続式	
アイリッシュ	シングルウイスキー	大麦、大麦麦芽	単式蒸留器3回	3年以上
	グレーンウイスキー	トウモロコシ等、大麦麦芽	連続式	
アメリカン	バーボンウイスキー	トウモロコシ51%以上、ライ麦、小麦、大麦麦芽	連続式	2年以上
	グレーン・ニュートラル・スピリッツ	トウモロコシ、大麦麦芽	連続式	貯蔵規定なし
カナディアン	フレーバリングウイスキー	ライ麦、トウモロコシ、ライ麦麦芽、大麦麦芽	連続式	3年以上
	ベースウイスキー	トウモロコシ等、大麦麦芽	連続式	
ジャパニーズ	モルトウイスキー	大麦麦芽	単式蒸留器2回	貯蔵規定なし
	グレーンウイスキー	トウモロコシ等、大麦麦芽	連続式	

世界の5大ウイスキー

ジンやラムも同じことです。ジンは穀物を原料にした蒸留酒ですが、樽で熟成させないで無色透明のままですから、これもウイスキーとは言えない。ラムはサトウキビが原料ですし、テキーラはリュウゼツランというサボテンの一種が原料ですから、これもウイスキーには当てはまらないということです。

Q．スコッチ以外にはどんなウイスキーがありますか。

世界には代表的な五つのウイスキーがあります。これには異論もあるんですが、年代順で古いものからいうと、アイルランドでつくられている『アイリッシュウイスキー』、スコットランドでつくられている『スコッチウイスキー』、アメリカでつくられている『アメリカンウイスキー』。一般的にはバーボンが一番よく知られています。それから、カナダでつくられている『カナディアンウイスキー』。そして、最後が日本でつくっている『ジャパニーズウイスキー』。これが世界の五大ウイスキーといわれているもので、ウイスキーの生産量のほぼ九五％はこの五大ウイスキーが占めています。

もちろん、それ以外にウイスキーをつくっていないわけではありません。ヨーロッパの国でもつくっているし、それから、南米でもつくられている。意外と知られてないけれども、インドとか、ブータンとか、ネパールとか、タイとか、そういったアジアの国々でもつくられている。ただし、量としては微々たるもので、ほとんどが国内消費向けなので、一応、世界の五大ウイスキーというと先ほどの五つになるわけです。

Q．日本とイギリスではウイスキーの法律に違いがありますか。

世界の五大ウイスキーにはそれぞれ法律的な定義があります。スコッチの場合には、スコットランドで蒸留し、スコットランド内で木の樽で三年以上熟成させたもの、これが法律的な定義です。同様にアイリッシュにはアイリッシュの法律的な定義があり、バーボンにはバーボンの定義がある。カナディアンにもあるし、ジャパニーズにももちろんあります。

ただ、ジャパニーズウイスキーの定義では、樽熟成の年数の義務づけはないんですね。スコッチと違い、日本のウイスキーは、まったく熟成をさせてなくても法律的には問題ない。まったく熟成をさせないというと、広い意味でのウイスキーの定義（木樽熟成）に当てはまらないので、それは通常あり得ないことなんですが。

それから、もう一つ大きな特色は、日本以外の国々のウイスキーはかなり厳密に原産地というものにこだわっている点です。スコッチウイスキーというのは、スコットランドでしかつくれないわけで、例えばスコットランド以外でつくったウイスキーをスコットランドに輸入し、そこで瓶詰めしたとしたら、これは法律的にはスコッチと呼ぶことを許されない。また、スコッチウイスキーの中に例えばアイリッシュウイスキーを混ぜ、スコッチウイスキーといっていいかというと、これも許されない。他のウイスキーも同じことですね。ところが、ジャパニーズウイスキーの場合には、そうした規制がありません。だから、国産ウイスキー以外のものを混ぜたとしても、それをもってジャパニーズウイスキーではない、とはいえないわけです。

そこのところが世界のウイスキーと日本のウイスキーの大きく違うところですね。これは消費者としては紛らわしいので、きちんと表示するか、法律的な規制をもうけてほしいという気がしないでもないのですが。

Q．スコッチにはどんな種類がありますか。

まずスコッチウイスキーには、原料と蒸留方法の違いによって二つのウイスキーがあります。一つは、『モルトウイスキー』で、これは大麦の麦芽のみを使って、ポットスチルと呼ばれる単式蒸留釜で二回ないし例外的に三回蒸留をしてつくられたものです。二番目が、主としてトウモロコシなどの穀物を原料にして、パテントスチル、あるいは、コフィースチル、コンティニュアススチルと呼ばれる連続式蒸留器で蒸留をした『グレーンウイスキー』です。

ただし、これは原料と製法の違いから見た分け方であって、これがそのまま製品になるわけではありません。製品として見た場合には、それ以外に重要なウイスキーがあります。『ブレンデッドウイスキー』というスコッチウイスキーです。このブレンデッドウイスキーは、モルトウイスキーとグレーンウイスキーという、原料もつくり方も性格も、まったく異なる二つのウイスキーを数種類ないし数十種類ブレンドして、つまり混ぜ合わせてできたウイスキーです。

モルトウイスキーの中で、たった一つの蒸留所でつくられているものだけを瓶詰めにしたものがシングルモルトウイスキーです。ほかの蒸留所でつくられているモルトウイスキーをまぜてないという意味でシングルモルトと呼ばれます。蒸留所は約一一〇カ所あります。

それに対して、グレーンウイスキーの蒸留所というのは、八つしかありません。この八つの蒸留所でつくられているグレーンウイスキーも、それぞれにシングルグレーンというウイスキーがあることはありますが、シングルグレーンの場合にはモルトほどの個性がなく、蒸留所ごとの違いはあまりわからないということで、瓶詰めされることはほとんどありません。あくまでもブレンデッドウイスキー用の原酒という扱いです。

ですからわれわれが普段飲める製品として見た場合、スコッチにはシングルモルトとブレンデッドの二つがあると考えればいいでしょう。

Q. ヴァッテッドウイスキーというのは何ですか。

ヴァッテッドというのは、異なるモルトウイスキー同士を混ぜ合わせることです。モルトとグレーンを混ぜ合わせることをブレンドといいますが、ヴァッテッドの場合はモルトウイスキーだけです。複数の蒸留所のモルトウイスキーを混ぜ合わせ、それを瓶詰めにしたのがヴァッテッドウイスキーで、製品としてあることはありますが、数はそれほど多くありません。

Q．ピュアモルトとシングルモルトとは違うものですか。

ピュアモルトというのは、法律的な用語でも何でもなくて、そのボトルの中にモルトウイスキー以外は入っていませんよという意味です。ですから、もともとはブレンデッドウイスキーに対抗する言葉として使われたんだと思います。スコッチの場合には、ピュアモルトというのは、すなわちシングルモルトと考えていいと思います。ヴァッテッドモルトのことは通常ピュアモルトとはいわないので、あくまでもスコッチに限っていえば、これはシングルモルトと同義語、単なる形容詞だと見ていいですね。ただ例外がまったくないわけではないので、その辺の見極めはちょっと難しいかもしれません。

Q．グレーンウイスキーもスコッチと呼んでいいのでしょうか。

もちろんです。グレーンウイスキーもスコッチの法律の定義にちゃんと当てはまっています。穀物を原料に、スコットランドで蒸留されて、スコットランドで三年以上熟成させれば、立派なスコッチです。グレーンウイスキーといえども、三年以上木の樽で熟成をさせていますから、これもれっきとしたスコッチです。

ただ、グレーンウイスキーができたのはまだ歴史的には非常に新しく、今から約一七〇年ぐらい前、いってみれば産業革命の申し子みたいなもの。それまでスコッチというのはモルトウイスキーしかなかったわけです。すると、それまであったモルトウイスキーの業者から、あれはスコッチではないというクレームがつけられました。これが有名な『ウイスキー論争』ですが、最終的には、今世紀に入って裁判所の評定が下って、グレーンウイスキーも、それからもちろんブレンデッドウイスキーもスコッチであるという判断が下されたわけですね。

Q．スコッチには何種類くらいの銘柄があるのですか。

ブレンデッドスコッチは、モルトウイスキーとグレーンウイスキーを数種類から数十種類ブレンドしています。モルトウイスキーは、蒸留所の数でいったら約一一〇。グレーンウイスキーが八、合計したら一二〇ぐらいあるわけですね。この一二〇の中から選んで自由にブレンドするわけですから、組み合わせは無限です。だから、ブレンデッドスコッチの銘柄数がどのぐらいということはまったくいえません。おそらく数千あると思います。有名なものといったら、一〇〇とか二〇〇とか、そのくらいに限られてしまいますが、つくろうと思えばいくらでもつくることができます。無限の可能性があるということですね。

では、シングルモルトの種類は一一〇かといったら、これも違います。まずオフィシャルとそうでないものとがある。さらに、シングルカスクといわれるものがあったり、熟成年数の違いとか蒸留年の違いがあったりするので、瓶詰めの種類でいったら、おそらく数千種類あるでしょうね。これも、誰にもわからないと思います。

シングルカスクという言い方をするならば、今、スコットランドの蒸留所の熟成庫で寝ている樽というのは、合計したら数百万樽になります。数百万樽をそれぞれ一樽ごとに瓶詰めしたら、それだけの種類があるということになって、極端なことをいったら、これも無限の種類があるということですね。

通常言われているのは、ブレンデッドスコッチは二〇〇〇から三〇〇〇種類、シングルモルトに関していうと、一〇〇〇から二〇〇〇種類でしょうか。その中で今、どれだけ飲めるかというと、日本で、どんなに置いてあるバーでも七〇〇とか八〇〇。普通は、三〇〇置いてあれば相当、シングルモルトにこだわりのあるお店といえるでしょう。

Q．ブレンデッドスコッチには何種類くらいの原酒がブレンドされていますか。それには何か基準がありますか。

よく知られている「ジョニーウォーカー」とか、「オールドパー」「シーバスリーガル」「バランタイン」「ホワイトホース」といったビッグネームの場合には、通常は二〇から、多くて五〇種類くらいのモルト原酒をブレンドします。グレーンウイスキーは八蒸留所しかないので、大体四種類ぐらい使います。

四〇種類の原酒をブレンドしているスコッチを例にとると、そのうちの四種類がグレーン、残りの三六種類がモルトウイスキーになるわけですね。その三六種類の比率はどうかというと、実際にこんなブレンドがあるという話ではないんですが、一つの例としていうと、スペイサイドが一番多いでしょうね。スペイサイドが三六のうちの半分を占めて、大体一八ぐらい。残りの一八をハイランドとアイラとキャンベルタウンとアイランズとローランドで割り振るわけですね。例えば、アイラモルトが四種、ローランドモルトが二種、ハイランドモルトが六種、キャンベルタウンは二つしかないので二種、そしてアイランズが四種、これで一八になります。これは種類の割合ですよ、量の割合じゃなくて。量でいったらスペイサイドとハイランドが、たぶん中心になるはずです。

ただし、すべてのブレンデッドスコッチがこうかといったら、そうじゃないですね。ブレンデッドスコッチというのは、何を目的としてつくるかによります。マーケットのことも考えないといけないし、ターゲットも重要になります。アジア向けに売るブレンデッドスコッチと、新大陸、アメリカ向けに出すもの、南米向けに出すもの、あるいはヨーロッパ向けに出すものとでは、当然、求められる風味が変わってきますし、年齢層によっても変わってきます。だから、顧客によっても原酒の割合が違うということですね。

Q. 原酒の種類が多ければ多いほどいいのですか。

多ければ多いほどいいのであれば、すべての蒸留所の原酒を全部ブレンドすればいいわけです。実際にそういうブレンドもあることはあるんです。「J&B」という有名なブレンデッドスコッチメーカーがありますが、そこがスペシャル版として「J&Bアルティマ」というのをつくりました。これは手に入るすべての蒸留所一二八カ所の原酒をブレンドしたものです。でも、これは例外的です。今現在、手に入りにくい蒸留所のものもたくさんありますから、そこまでしてブレンドをつくるということは非常に高価なものになるわけですね。通常はそこまでやりません。

それに、歴史的にいえば、スコッチのモルトウイスキーの蒸留所は過去に約七五〇存在したわけですが、今残っているのが一一〇ほどしかない。それだけ消えていった蒸留所のほうが多く、現存するすべての種類をブレンドしてしまうことは危険が伴うわけです。蒸留所がなくなればそのブレンデッドウイスキーは将来つくれないことになってしまいます。もっとも「J&Bアルティマ」というのは、記念碑的というか、限定品ですから、画期的なスコッチとして意義は大きかったですね。

ブレンド数が四〇種類というのはいい数字だと思います。ブレンデッドスコッチが世界でナンバーワンだといえる理由の一つは、選択できる原酒の多さなんですね。選択できる原酒が多いというのは非常に重要なことで、アイリッシュの場合には、残念ながら、蒸留所は二つしかない。新しくクーリー蒸留所というのができたけれども、それを入れてもたった三つ。その三つの原酒からつくられるブレンデッドというのは、おのずと数が決まってしまいます。スコッチの場合には、グレーンを入れたら一二〇以上あるわけで、それが他のウイスキーにはないスコッチだけの大きな強みだと思います。

ジョニーウォーカーのレシピを記した古い手帳

Q. キーモルトとは何ですか。

通常、ブレンデッドウイスキーの場合にはブレンドの中核をになうモルトがあります。それがキーモルトで、ブレンデッドの性格をつくる重要なモルトです。ブレンデッドは、各企業によってどのモルトをどれだけ使うかというレシピ（混合比率）があって、それは完全なる企業秘密で、これまで一切公表されることはありませんでした。しかし、最近はかなり公表するようになりました。

「ジョニーウォーカー」なら「カードゥ」に「タリスカー」「クライヌリッシュ」、「バランタイン」なら「グレンバーギ」「ミルトンダフ」「グレンドロナック」「ラフロイグ」といった具合に。これはブレンデッドの性格を決める重要な原酒ですから、将来的にも使い続けるだろうと考えられているモルトです。もちろん、キーモルトは一つではありません。通常は数種類くらいでしょうか。これがわかってきたので、ブレンデッドとキーモルトとなるシングルモルトを飲み比べる楽しみが増えてきたのです。

Q．ウイスキーの名前の由来は何ですか。

もともと蒸留酒をつくったのは、中世の錬金術師といわれています。彼らの言葉というのはラテン語ですね。ラテン語で蒸留酒のことを『アクアビテ』といいました。『アクア』というのは水で、『ビテ』というのは命のことですから、最初から蒸留酒というのは「命の水」というふうにいわれてきたわけです。これがアイルランドに伝わったときに、それを彼らの言葉、ケルト語の一種であるゲール語に置きかえたわけですね。ゲール語に置きかえて、『ウシュクベーハ』、あるいは『ウスケボー』という言い方をしました。『ウシュク』というのは水のことで、『ベーハ』というのはやはり命のことです。フランスに行くと、それが『オードヴィ』になるわけですね。このように、蒸留酒はもともとはアクアビテ、命の水というところから来ています。

アイルランドは、当然、北の国ですから寒すぎてワインがつくれないので、彼らがもともと知っていたビール、これを蒸留して命の水をつくりました。このウシュクベーハというのがウイスキーの語源になったんですね。やがてウシュクベーハの後ろが抜けてしまって、ウシュクとかウスケになり、英語の中に取り入れられていきました。ですから、『ウイスキー』という英語そのものが誕生したのはそれほど古いことじゃなくて、文献的には一八世紀にまでしかさかのぼれない。それ以前の文献というのは、ラテン語のアクアビテという言葉で言っているか、あるいはウスケボーという言葉を使うか、どちらかですね。

Q．ウイスキーの綴りで、「whisky」と「whiskey」の二つがあるのはなぜですか。

綴りに「e」が入っているのはアイリッシュウイスキーです。アイルランド人は、自分たちがウイスキーの元祖だと思っていて、多分、歴史的にはそれは正しいと思われるんですが、もともとゲール語には、文字がなかったので、正確な綴り字というのはわからないんです。ウスケが英語に取り入れられたときに、「e」があるのとないのと両方あったわけですね。それが、時代が下るに従って、アイリッシュはスコッチと区別をするために、彼らのウイスキーに「e」を入れ、スコッチはそれに対抗して、「e」を入れずに「whisky」と綴ってきました。

アメリカの場合には、アイリッシュの移民が多いですからバーボンはたいがい、「e」を入れています。それだけの違いです。日本では、「e」は入っていません。ジャパニーズウイスキーはもともとスコッチに倣い、スコッチと同じものをつくろうとしたという歴史的な経緯があるからでしょう。アイリッシュに倣っていれば、多分「e」が入っていたでしょうね。

Q．スコッチウイスキーとアイリッシュウイスキーの違いは何ですか。

アイリッシュとスコッチの大きな違いは、まず、原料が異なるという点。アイリッシュウイスキーというのは麦芽一〇〇%じゃないんですね。大麦麦芽以外の穀物も使って、さらに、麦芽の乾燥のときに、アイリッシュはピートを焚き込まない。スコッチの場合には、麦芽にピートを焚き込んでいますから、そこがまず第一の大きな違い。

第二の違いは、アイリッシュの場合には三回蒸留をします。スコッチの場合は、一般的には二回蒸留。ですからスコッチよりは軽いタイプのウイスキーができる。もちろん例外もあってスコッチでも「オーヘントッシャン」のように三回蒸留をやっているところもあれば、アイリッシュでも最近できたクーリー蒸留所は二回蒸留をやっている。ここでは麦芽にピートを焚き込んでいますから、これはもう手法としてはほとんどスコッチと同じですね。

9　スコッチ生活を豊かにする小道具

Q. フラスクとは何ですか。

スコットランドでは、野外でウイスキーを飲むことも多いんです。もともとゴルフ発祥の国でもあるし、サーモンフィッシングやハンティングなども非常に盛んです。ゴルフのリンクスコースなんていうのは一年中雨風にさらされてますし、川に立ち込んでやる釣りもしんどいものです。そういう時に彼らは必ずウイスキーを持参します。体を手っ取り早く暖めてくれるものとして、ウイスキーは必需品なんですね。

そのウイスキーの容れ物のことを向こうではフラスクといいます。スキットルというういい方もありますが、スコットランドではフラスクのほうが一般的です。その中でも、ズボンの尻ポケットに入れられるようになっているものを、ヒップフラスクといいます。これは、尻の形状に沿うように、ちょっと湾曲したというか、曲線を持った容器で、いろんなものが売られています。こういうのもウイスキーを楽しむ小道具としてはいいですね。

ヒップフラスクで思い出しましたが、野外でウイスキーを飲むときのために携帯用のグラスセットというのもあります。これはピューター（錫）でできていて、表面を銀でコーティングしてあります。フラスクと一緒にこういうのも持って行くとお洒落で便利ですね。

Q. クエイクとは何ですか。

クエイク、あるいはクエイヒというのは、ウイスキーを飲むときに用いた伝統的な器のことで、ゲール語で『カップ』を意味します。お皿を深くしたような平たい容器で、両方に取っ手がついています。古くは木製でしたが、現在はピューター製が主流。高価なものは銀製で、取っ手の部分には伝統的なケルト紋様が装飾されています。実用というより、今では多分に儀式的な要素のほうが強く、伝統的な儀式、例えばバーンズサパーなどでは今でもクエイクが使われたりします。

ハイランドのクラン（氏族）たちの伝統衣装を想像してみるとわかりますが、男性の伝統衣装というのはキルトですね。キルトには、ポケットがなくて、スポーランという袋を腰の前にぶらさげています。その中におさまる形ということで、平べったかったんだと思います。今は土産として、あちこちで売られています。

（左から）クエイク、ピューター製のグラスセット、ハンティングフラスク、さまざまなヒップフラスク

Q. ミニチュアのボトルを集めるにはどうすればよいですか。

普通の酒屋にはミニチュアは置いていないので、これも専門店に行くしかありません。日本よりも欧米のほうがミニチュアコレクターは多いですね。

もっとも一般的な方法は、コレクターズクラブなどに入ることだと思います。そこではミニチュアボトルの売買や交換を、メンバー同士でやっています。定期的に会報も出ているし、ミニチュアコレクター用のガイドブックも出ている。今はインターネットがあるので、その中でミニチュアコレクターのサークルというのが見つかると思います。

あるいは、スコットランドに行った人ならわかると思いますが、いろんな観光スポットで、そこでしか売ってないミニチュアというのがたくさんあります。有名なところでは、例えばネス湖のアーカート城とか。城の売店に行くとネス湖のラベルやネッシーのラベルが貼られたミニチュアがあります。大体、どこの観光スポットでも、そこだけのミニチュアというのがあります。それは自分の足で探すしかないですね。もちろん、蒸留所の売店でもミニチュアは置いてあります。

デレク・テイラー氏のミニチュアコレクション

ミニチュアのコレクターは、コレクションですから中身を飲まないんですね。しかも、種類でいったら、おそらく何千、何万とあります。オークションも行われるし、コレクター同士の交換というのも盛んです。ギネスブックに載っている世界一のミニチュアコレクターは、アメリカのジョージ・テレン氏で、約三万八〇〇〇種類のミニチュアを集めているということです。スコットランドでは約九〇〇〇から一万ぐらい持っているデレク・テイラー氏がナンバーワンでしょうね。ジョージさんのコレクションはスコッチ以外の酒も含まれていますが、デレクさんのはスコッチだけの話なので、おそらく今まで出たミニチュアはほとんど持っていると思います。

Q. 他にもスコッチを楽しむための道具があれば教えてください。

スコッチの蒸留所に行くと、売店が併設されているところがあって、蒸留所でしか買えない蒸留所グッズをたくさん売っています。ピンバッジに始まって、バーマット、Tシャツから、ポロシャツ、セーター、トレーナー、ネクタイ、マフラー、帽子、傘に至るまで、ありとあらゆる蒸留所グッズが売られている。これを集めるのもスコッチの大きな楽しみのひとつでしょうね。デカンターももちろんあるし、蒸留所のロゴの入ったグラスも、ヒップフラスクや携帯用グラスセットなども、その蒸留所に行けば買えます。自分のお気に入りのブランドのグッズをすべて揃えるというのも、楽しいですよ。お土産などにも最高だと思います。キリがないので最近はピンバッジしか買いませんが、僕も以前はヒップフラスクやTシャツ、ポロシャツ、トレーナーなどを買い集め、「タンスが一杯になる」といつも女房に文句をいわれていました（笑）。

10　スコッチに合うスコットランド伝統料理

Q．スコッチはどんな料理と合いますか。

もともとスコッチは食後酒であり、基本的には、料理と合わせる酒ではありません。ただ、今のようにシングルモルトが世界的に認知されて、風味のヴァリエーションがワインと同じぐらいにあるということがわかってくると、それじゃ料理と合わせてみたらどうなるか、という興味が湧いてきたんですね。食後酒に限定せず、食前酒としてみたらどうなるか、ワインと同じように食事と一緒に楽しむことはできないかと。

これは今始まったばかりなので、すごくおもしろい分野だと思います。スコットランドやアメリカ、それにフランスあたりでも、いろいろ研究がなされています。僕もしばらく前から試していますが、実におもしろい。スコッチはワインと違って水で割って薄めることもできるし、ソーダで割ることも、それからやろうと思えばお湯割りにもできる。西洋料理に限らず、和食に、中華に、それから香辛料の利いたエスニックにも合わせることができる。フレンチのコース料理の最初から最後まで、スコッチだけで楽しむこともできると思います。

Q．スコッチに合うつまみにはどんなものがありますか。

やはりスコットランドのサーモンでしょうね。スコットランドにはたくさんの川がありますが、ほとんどの川には天然のサーモンが遡上してきます。スコティッシュサーモンといわれているのは、アトランティックサーモン（大西洋サケ）の一種で、遠くグリーンランド沖まで回遊して、産卵のために故郷の川に戻ってきたものです。アトランティックサーモンの中で、スコティッシュサーモンは一番おいしいといわれています。ほんとうは刺身で食べるのが一番うまいんだけれど、スコットランドの人は生では食べないので、一番ポピュラーなのがスモークドサーモンです。

スコットランドに行った方はおわかりでしょうが、木がほとんどない国土なので、スモーク材にするのは何かといったら、実はウイスキーの廃樽なんです。ウイスキーの樽というのはすべてホワイトオーク樽で、そのウイスキーがたっぷりしみ込んだ廃樽を使っている。だから、それによってスモークされたスコティッシュサーモンは世界一だとスコットランド人は言います。これをつまみにするのが最もスコッチに合うのではないでしょうか。ある意味では、どちらもスモークされたものですから。

（上）スペイ川で釣られた16ポンド（約７キロ）のサケ
（下）スモークドサーモンは世界一美味

スモーキーフレーバーというのは、世界のウイスキーの中でスコッチだけの特色ですから、このほかにもスコッチにはいろんなスモーク製品が合います。鹿肉をスモークしたスモークドヴァニスンとか、あるいは、ウズラやキジやライチョウをスモークした料理とか。それから、当然、チーズをスモークしたスモークドチーズというのもあって、これもスコッチのつまみとしては非常に合うんじゃないかと思います。

Q．家で用意できるつまみとしてはどんなものがありますか。

前述したように、サーモン以外でも、スモークしたものは何でも合いますね。日本にはいろいろ燻製品が出回っていますし、自分で燻製をつくってそれをつまみとするのもいいですね。僕も以前はニジマスの燻製をよくつくりました。ご存知の方も多いでしょうが、なにしろ日本の釣り場では、イヤになるほど釣れますからね（笑）。

水割りでしたら、ギョウザとかタイ料理とか、エスニックなものにもよく合います。それから、ウイスキーのフレーバーの特徴で、『ナッティ』という、ナッツのような風味が感じられるものもあるので、ナッツなどもつまみとしてはよく合います。もちろん各種のチーズ類も。逆に、絶対に合わないというものはないと思います。スコッチというのは非常に応用範囲の広い飲みものなんです。

Q．スコットランドの伝統料理や食材にはどんなものがありますか。

代表的なものでいったら、ハギスとか、スコッチブロスとか、コカ・リーキー、カレン・スキンク、ステーキ・アンド・キドニーパイ、フィッシャーマンズ・パイといった各種のパイ料理。それから、スコットランドは魚介類が大変豊富なので、魚介類を使った料理。さらに、『ゲーム』と呼ばれる、ハンティングや釣りの対象になり、なおかつ食べられる鳥獣類。魚も含めますが、代表的なものでは、キジとか、ライチョウとか、ウズラとか、カモ、ヤマバト、鹿、ウサギなど。魚としては、サーモン、ブラウントラウト（マス）、シートラウト……。シートラウトというのは、ブラウントラウトが海に下って産卵のために戻ってきたものをいいます。まれにパイク（川カマス）もあります。

アイラ島で水揚げされた巨大なロブスター

豊富な魚介類を挙げるなら、ロブスター、ラングスティーン、各種のカニの仲間。さらに、スコットランドの沿岸域でとれるタラの仲間。ハドックとか、コッドとか、サバ、イワシ、オヒョウももちろんとれるし、日本でアンコウといっているモンクフィッシュとか、スケートと呼ぶエイの仲間。貝類は、ムール貝、カキ、トリ貝などですね。カキの養殖は最近、非常に盛んです。それぞれの産地によって、例えば、オークニー島でとれるものはオークニーオイスター、スカイ島はスカイオイスター、アイラ島はアイラオイスターと呼ばれます。それから、ホタテももちろんありますね。そうそう忘れてはいけないのが、キッパーズというニシンの燻製。これはスコットランドの朝食の定番です。さらにフィナンハドック、東海岸でとれるタラの一種で、スモークしたものはキッパーズと並ぶ朝食の定番です。

もちろんスコットランドはビーフやラムでも有名です。肉牛として世界で最初に品種改良されたアンガス牛は、スコットランドの誇りでもあるし、ビーフやラムを使ったロースト料理は欠かせないものです。ブラックプディングという血を固めたソーセージも朝食には必ずでてきます。

Q. スコッチを使った料理はありますか。

スコッチウイスキーは、伝統料理の中にたくさん使われています。スコッチを使った料理ブックという本が出ているぐらいで、その中に一〇〇種類ぐらい、レシピが紹介されています。参考までに僕が持っている本のタイトルをあげておきますと"*Cooking With Scotch Whisky*"という本で、Rosalie Gow 著、Gordon Wright Publishing 発行です。他にも出ていますから、スコットランドに行ったら書店で探してみてください。特にデザートなどにスコッチを使ったものが多いですね。

Q. ハギスというのは何ですか。

これはスコットランドの伝統料理の代表で、羊の内臓――心臓、腎臓、肝臓といった内臓をミンチにして、それにタマネギのみじん切りと大麦とカラス麦を加えて、さらに塩・コショウ、ハーブなどで味付けして、それをもう一度、羊の胃袋の中に詰めて、ゆでたものです。腸詰め、あるいはソーセージの親玉みたいなもので、スコットランド文化、スコッチを語る時になくてはならないものです。スコットランド人以外の人からはゲテモノ料理の代表のように思われ、怖れられていますが（笑）、実際はおいしいですよ。

　ハギスが有名になったのは、文学的な影響というか、スコットランドの伝統文化を復活させ、彼らの誇りを取り戻した、ロバート・バーンズの影響も大きいかもしれませんね。バーンズはスコットランドの国民詩人で、『蛍の光』の原詩作者として日本でも知られています。バーンズの「ハギスに捧げる詩」のおかげで、ハギスは一躍、スコットランドのナショナルフードになりました。

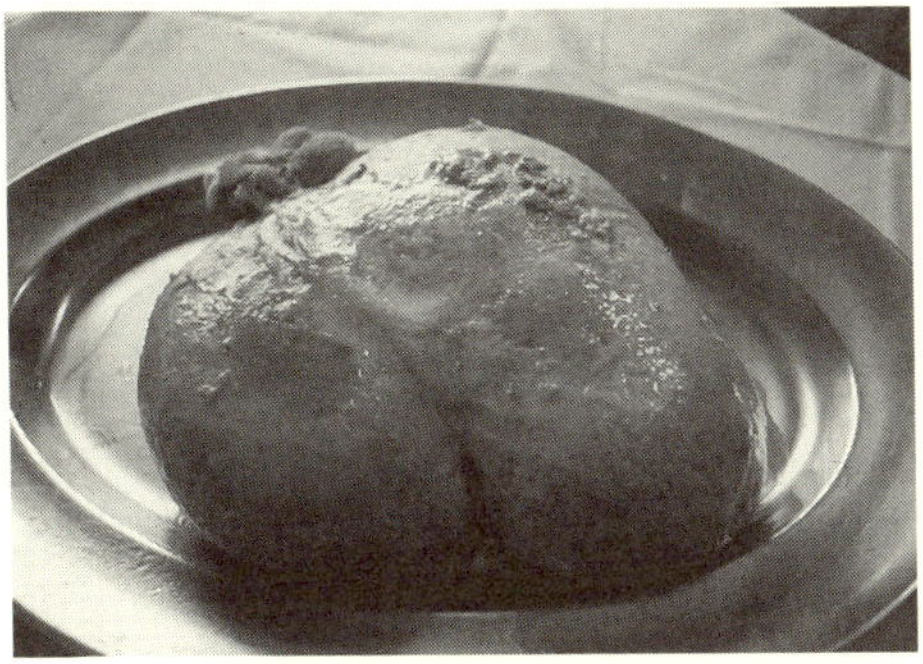

羊の胃袋につめてゆでるハギス

　このロバート・バーンズを祝うお祭りで、『バーンズナイト』あるいは『バーンズサパー』というのがあります。彼の誕生日の一月二十五日前後に集まって、ハギスを食べながら、バーンズに捧げる詩とかハギスの詩を朗読したりする。スコットランド人のいるところでは世界中どこでもバーンズサパーが行われると言われているぐらいに、非常に重要な儀式です。そのときに欠かせないのがスコッチウイスキー。ロバート・バーンズというのは一八世紀の人で、その当時はグレーンウイスキーがないですから、当然、ブレンデッドスコッチもありません。当時あったのはモルトウイスキーだけ。ですから、バーンズナイトで、ハギスとともに飲むのはあくまでもモルトウイスキー。

　ハギスにたっぷりとシングルモルトをかけて、いただくわ

スコッチブロスはパブの定番メニュー

けです。ハギスはカブ（ターニップ）とポテトのマッシュを付け合わせにして食べるのですが、消化があまりいいとはいえないので、シングルモルトをかけることで、消化を助ける意味もありますね。今は日本にも缶詰などで輸入されていますから、ぜひ一度試してみてください。

Q．スコッチブロス、コカ・リーキー、カレン・スキンクとは何ですか。

スコッチブロスはスコットランド料理を代表するスープ、あるいはシチューのことです。スコッチブロスは野菜と大麦、カラス麦と一緒に骨付きマトンを煮込んだもので、カラス麦のプチプチとした食感が特徴になっています。コカ・リーキーは骨付きのチキンとリークと呼ぶ太ネギ、それにベーコンを煮込んだもので、最近ではイギリス全土で見かけるようになりました。コカ・リーキーがスコットランド料理だということを知らないイギリス人も多いでしょうね。それだけ人気のメニューになっています。

カレン・スキンクとはゲール語で「エッセンス」という意味があり、これはスモークしたハドックとマッシュポテト、ミルクを一緒に煮込んだ、スープというよりはシチューに近い料理です。クラムチャウダーに似ているといったらわかりやすいかもしれませんね。オークニー島あたりでは、スモークしたカキやムール貝もこれに加えます。

手っとり早く体を暖めてくれるスープ料理はスコットランドの風土になくてはならないもので、これ以外にもたくさんの種類があります。スープを表すゲール語は「ブロス」のほかに「ブリー」という言葉もあり、ジャガイモのスープ、「タッティ・ブリー」やカニのスープ、「パータン・ブリー」などが知られています。タッティもパータンもゲール語でそれぞれジャガイモ、カニのことを言います。

Q. スコットランドでもチーズをつくっているのですか。

意外に知られていないんですが、イギリスは、ヨーロッパで一、二を争う酪農国です。だから、ミルクは豊富にあります。チーズというと、今、フランスとかイタリアのチーズが有名ですけれども、イギリスにも古くからたくさんのチーズがあります。世界的に知られているチェダーはもともとイギリスが原産だし、世界三大ブルーチーズの一つといわれるスティルトンもイギリス産です。イギリス全体で約四五〇種類のチーズがあるといわれます。スコットランドでももちろんチーズがつくられていて、ダンロップとかカボックとか、オリジナルチーズがいくつか知られていますね。

スコットランド産のチーズはチェダータイプのものが多く、チェダーにウイスキーを入れたり、ワインを入れたり、あるいはハーブやマスタードを入れて、それをワックスで固めたチーズというのがたくさんつくられています。有名なアラン島のアランチーズもそうですし、オークニー島でつくられているオークニーチーズも、それからアイラ島でつくられているアイラチーズもそうです。実は地方ごとにかなりいろんなチーズをつくっているのですが、ほとんど日本に輸入されることがないので、知られていないんですね。もともと量も少ないですし。

最近ようやく、アラン・ジャパンという会社とファン・ド・ジェリーという会社がこのチーズを輸入し始めました。ヨーロッパの専門家にいわせると、将来的にフランスチーズの対抗馬になるのが、スコットランド産チーズだとか。昔ながらの古いレシピをもう一度復活させ、農家が手づくりのチーズをつくり始めています。スコッチ党にとっては、将来が実に楽しみですね。連絡先はどちらも巻末に掲げてあります。

Q．スコッチとチーズの相性について教えてください。

以前、世界中のチーズ二四種類とウイスキーの相性を調べたことがあるんですが、これでおもしろかったのはそれぞれのチーズによって合うウイスキーが違うということです。例えばブルーチーズ。フランスのロックフォール、イタリアのゴルゴンゾーラ、イギリスのスティルトンが世界三大ブルーチーズといわれますが、イギリスにはスティルトンだけでなく、シュロップシャーブルーとかいろんなブルーチーズがあって、これは意外とスコッチでもシェリー樽熟成のものと相性が抜群だったりするんです。

結果はサントリーのホームページ（http://www.homepage.co.jp/suntory/museum/enter/tu-chiya/most.html）の中に詳しく述べていますので、それを見ていただきたいのですが、チーズのタイプ、例えばシェーブルとか羊のチーズとかウォッシュとかハードタイプなどによって、それぞれ合うウイスキーの種類が顕著に違ってくる。これはもう、おもしろいの一語です。

11　スコッチと食の新しい冒険

Q．スコッチと和食は合いますか。

非常にチャレンジングな分野だと思いますが、スコッチは味と香りの幅が広いので、どんな料理にも合わせることが可能なんじゃないかと、僕は思っています。それから、これは何度もいうようですが、スコッチというのは、ワインや日本酒と違っていかようにもアルコール度数を調整することが可能なわけですね、水割りにしたりして。さらに、冷たくすることも、温かくすることもできる。ソーダで割ったりということもできます。そうすると、まだ手がけている人がほとんどいない分野なんだけれども、スコッチといろんな料理との相性ということがこれから関心を持たれてくるんじゃないでしょうか。

これも先のホームページの中に、フレンチ、イタリアン、中華、エスニック、和食とウイスキーの相性を探った試みがありますので、興味のある方は見ていただきたい。辻調理師学校の先生方に協力していただいて、あらゆる料理とウイスキーの相性を調べたものです。バーなどでつまみを出す際には、いくらかでも参考になるかと思います。

スモーキーフレーバーのシングルモルトと和食は合わせにくいかもしれませんが、そうはいってもまったく麦芽にピートを焚いてないウイスキー、例えば「グレンゴイン」や「オーヘントッシャン」などもあるので、こういうものは刺身料理やてんぷら、焼き魚、煮物といった日本の伝統料理にも合うんじゃないかと思います。特に「グレンゴイン」を冷酒のように冷やすと、刺身やてんぷらと抜群の相性ですね。ぜひ試してみてください。スコッチと食の新しい冒険といったらいいのかな。

Q. レストランでの食事中にスコッチを頼むことはできますか。

はっきりいって、今、日本のレストランでスコッチを食事中に飲むということは無理だと思います。和食のレストラン、割烹とか居酒屋だったら可能かもしれないけれど。というのは、レストランの文化、洋食の文化というのは、やはりフレンチやイタリアンの文化なので、食事中に飲むのはワインと決まっています。これはイギリスに行ったってそうです。それ以外の酒を飲むということはちょっと考えられない。だから食事中にスコッチを楽しもうと思ったら、それなりの覚悟と、それから、そういうものにチャレンジしているレストランじゃないと無理かもしれない。今、そういうものはまだありません。これから出てくる可能性はあるとは思うんですが。

かつてイギリスという国はヨーロッパ一、食事がまずいといわれていました。今はそうじゃなくて、ロンドンは食の都といわれるぐらいに、多くのレストランが競い合って、イギリス人もついに料理に目覚めたのかと、ヨーロッパ人から揶揄されるくらいです。確かにここ二、三年、ロンドンに行くたびに思うのは、レストランが非常に充実してきたことです。もともと、中華だとかインド料理は、植民地だったせいもあって、ヨーロッパの中でもナンバーワンだったのですが、それが最近、大陸で修業した若手シェフを中心に新しいブリティッシュスタイルの料理が、どんどんできつつある。もともと素材はいいものが一杯あるわけです。

そういったものがスコッチに合わないはずがないわけで、これからは、スコッチもどんどんレストランに入ってくるかもしれない。あくまでもこれからの分野だけれども、新しくチャレンジングなものが出てくるんじゃないか。そのときに、スコッチの秘めている可能性というのは、さっきもいったように非常に大きいいんじゃないかと思いますね。

Q．スコッチはデザートにも合うと聞きましたが。

スコッチのつまみで、昔からナッツと同様定番になっているものにチョコレートがありますね。チョコレートとブランデーも合うし、チョコレートとスコッチも合う。スコッチが甘いものと合うというのは昔からわかっていたことです。食後酒としてウイスキーやブランデーは飲まれてきたわけですから。スコットランドへ行くと食後のコーヒーと一緒にミントチョコレートが出てきて、それをかじりながらスコッチを飲むという光景もよく目にします。

実はスコッチというのは、それ以外の甘いデザートにもよく合うんです。特に、ややヘビーで、スモーキーな、アイラモルトの中でいうと「ラガヴーリン」のような、一見するとミスマッチと思えるようなモルトウイスキーが実は、バニラアイスクリームとか、あるいはバターとミルクをたっぷり使ったクリームとか、こってりとしたデザートなどと非常に相性がいい。スコッチの中にクリーミーなフレーバー、蜂蜜のような風味があるので、それと響き合うのかもしれない。

スコットランドのデザートの中にはスコッチを使用しているものもあります。クラナカンというのが代表的なもので、これはマッカラン蒸留所でごちそうになったんですが、こってりとしたクリームの中にラズベリーとオートミール（ひきわりにしたカラス麦）が入っていて、それに

「マッカラン」のシングルモルトが相当量混ぜられている。ほのかに「マッカラン」のシェリー香が漂って、舌の上でとろけるようで実においしかったですね。ただし、お酒が弱い女性には危険です（笑）。

12　スコッチを使ったカクテル

Q．スコッチを使ったカクテルにはどんなものがありますか。

スコットランドではカクテルは一般的ではありません。少なくとも、カクテル文化とは言えない。それでも、スコッチを使ったカクテルの代表的なものがいくつかあります。別掲の表を参照してください。

たとえば、この中にでてくるスコッチ・トム・コリンズ。トム・コリンズというカクテルは本来、スコッチじゃないので、これはスコッチを使ったバージョンということですね。スコッチ・ホーシーズ・ネック（馬の首）というカクテルも同様です。フライング・スコッツマンというのはロンドン―エジンバラ間を走っていた特急列車のことです。

中でも一番有名なのは、ラスティネールでしょうね。これは古典的なカクテルで、さびた釘という意味です。スコッチウイスキーに、ドランブイという、スカイ島でつくられているリキュールを混ぜたものです。

バノックバーンというのはロバート・ザ・ブルース王がイングランド軍に勝利した一三一四年の戦いのことです。レシピがふるっていてスコッチウイスキーにウスターソース、それにトマトジュース、レモンスライスです。スコッチウイスキーは「スコットランド人の魂」で、トマトジュースというのはバノックバーンの戦いで流された「イングランド人の血」のことだそうです。

イングランド人にとってはたまったものではないですね。

またロブ・ロイというのは伝説の義賊で、いわばスコットランド版〝ロビンフッド〟です。

ゲーリックコーヒーというのは、非常に有名なアイリッシュコーヒーというカクテルの向こうを張ったものです。スコットランド人はもともとゲール族ですから、ゲール人のコーヒーという意味ですね。アイリッシュコーヒーではアイリッシュウイスキー以外は使わないという頑固なルールがありますが、ゲーリックコーヒーではスコッチを使います。最近、観光客向けにかなり出ています。ハイランドコーヒーと呼んでいるところもありますね。

アソール・ブローズは、オートミールと蜂蜜を入れたおかゆみたいなもの、またスコッチウイスキー・トディーは温めたレモンジュースに砂糖を加え、お湯を加えてスコッチを注ぎます。どちらも風邪の〝特効薬〟ですね。カクテルといえるかどうかわかりませんけれど、古くからある妙薬で、子供の時に飲まされたというスコットランド人も多いと聞きます。

1ダッシュ：1振り　1パイント：約570ml　1ポンド：約450g

スコッチ・トム・コリンズ

スコッチウイスキー　45ml
レモンジュース　20ml
シュガー・シロップ　小さじ2
ソーダ　適量

ソーダ以外の材料を氷を入れたコリンズグラスに注ぎ、ステアして、冷やしたソーダを満たし、軽くステアする。スライスレモン、マラスキーノ・チェリーを飾る。

スコッチ・ホーシーズ・ネック

スコッチウイスキー　45ml
アンゴスチュラ・ビターズ　1ダッシュ（好みで）
ジンジャー・エール　適量

らせん状にむいたレモンの皮をハイボールグラスに入れ、端をグラスの縁にかける。氷を加え、ウイスキーとジンジャー・エールを注ぐ。ビターズを使う場合は、最後に振り入れる。

フライング・スコッツマン

スコッチウイスキー　45ml
スイート・ヴェルモット　45ml
シュガー・シロップ　1ダッシュ
アンゴスチュラ・ビターズ　1ダッシュ

材料を全部入れてよくステアし、ストレーナで漉してカクテルグラスに注ぐ。

ラスティネール

スコッチウイスキー　30ml
ドランブイ　30ml

グラスにスコッチウイスキーとドランブイを注ぐ。氷を入れステアする。

バノックバーン

スコッチウイスキー　45ml
ウスターソース　1ダッシュ
トマトジュース　適量

氷を入れたグラスに材料を全部入れてよくステアする。レモンを飾る。

ロブ・ロイ

スコッチウイスキー　3/4
スイート・ヴェルモット　1/4
アンゴスチュラ・ビターズ　1ダッシュ

ステアして、カクテルグラスに注ぎ、マラスキーノ・チェリーをカクテル・ピンに刺して飾る。

ゲーリックコーヒー

スコッチウイスキー　30ml
ブラックコーヒー　適量
ホイップクリーム　適量
砂糖（赤ザラメ）　小さじ1

ウイスキーとコーヒーをグラスに注ぎ、好みにより砂糖を加えてステアする。ホイップクリームを縁まで浮かべる。

アソール・ブローズ

スコッチウイスキー　2パイント
蜂蜜　1/2ポンド
オートミール　1/2ポンド

少量の冷水に蜂蜜とオートミールを入れミックスし、スコッチウイスキーを加え、泡立つまで混ぜる。瓶に入れて2日間置く。風邪の妙薬。

スコッチウイスキー・トディー

スコッチウイスキー　45ml
砂糖　小さじ1
レモンジュース　適量
熱湯　適量

ホットレモンジュースに砂糖とスコッチウイスキーを加える。熱湯を注ぎよくかき混ぜる。風邪の妙薬。

第二部　スコッチはいかにして作られるか

1　スコッチの歴史あれこれ

Q．世界で最初のウイスキーはどこでどのようにつくられ、スコットランドに伝わったのですか。

伝説によると五世紀頃、アイルランドにキリスト教をもたらしたセント・パトリックが、ヨーロッパから蒸留技術を伝えたといわれていますが、これははっきりいってまゆつばです。彼はウェールズ人（ブリトン人）で、少年時代を奴隷としてアイルランドで過ごし、脱走して北フランスに逃れ、キリスト教の伝道師になって再びアイルランドに戻ったんですが、当時北フランスの修道院で蒸留酒をつくっていたという記録はありません。

そもそも人類が酒を知ったのはいつかということなんですが、これは文明が始まったごく初期の頃といってよいでしょう。それも醸造酒。発酵という現象は自然界の中に存在しますから。では何が一番古いかといったら、ビールかワインか、いつも論争になるんですが、それは今は置いておくとして、蒸留酒というものを人類が知ったのは、それほど古いことではなく、中世の話だとされています。多分、七、八世紀前後の話ですね。さかのぼっても五、六世紀。それも最初は酒を蒸留しようとは思ってなかったようで、あくまでも不老不死の妙薬をつくるのが目的だったようです。つまり錬金術です。

蒸留という技術自体はもともとメソポタミアが発祥の地だといわれていますが、酒を蒸留するようになったのは地中海沿岸地方。エジプトだという人もいますが、はっきりしたことはわからない。この技術が地中海を通ってスペイン、ポルトガルに、さらに北に伝わっていった。アイルランドに伝わり、やがてスコットランドに伝わったのだろうと、そういうふうに考えられています。

Q・ウイスキーはアイルランドからスコットランドへ、いつ頃、誰によって伝えられたのですか。

アイルランドからスコットランドにウイスキーを伝えたのは、おそらくスコット族と考えられます。スコット族はもともと、北アイルランドのアントリムというところに小王国をつくって住んでいた民族ですが、五世紀末頃、ファーガス・モー・マクエルクの時代に対岸のキンタイア半島、現在のアーガイル地方に移民して、ダルリアダという王国をつくりました。地図を見るとよくわかりますが、北アイルランドとスコットランドというのは意外に近い。スコット族の移民とともにアイルランドから、ウイスキーづくりがスコットランドに伝わったのでしょう。

スコッチウイスキーについて文献的に一番古いのは一四九四年、スコットランド国王ジェームズ四世の時代。この時代のスコットランド財務省の記録、これはもちろんラテン語で書かれていますが、そこに「修道士ジョン・コーに八ボルのモルトを与えてアクアビテをつくらしむ」という記述が出てきます。したがって、この記述をもって、一四九四年がスコッチの文献上の生誕の年としています。八ボルというのは麦芽などを量る古い単位で、今の単位に直すと一二〇〇キログらい。この一二〇〇キロの大麦麦芽をジョン・コーという修道士に与えてウイスキーをつくらせたというわけです。もちろんそれ以前からつくられていたのは間違いないことです。

ではほんとうはいつ頃なのか、これははっきりとはわかりません。アイルランドも、スコットランドも、もともとゲール族というケルト民族の一派ですが、彼らは文字を持たなかったので、彼ら自身の記録というのはほとんどありません。イングランドだとか、あるいはヨーロッパ大陸のローマだとか、ギリシャだとか、そういったところの記録でしかアイルランドやスコットランドのことをうかがい知ることはできないのです。

そういう文献をさかのぼると、最古のものでは、一一七二年にイングランド国王ヘンリー二世がアイルランドに侵攻した際に、アイルランドでウスケボーという蒸留酒を農民が飲んでいたという記録があります。したがって、それ以前からアイルランドの地では蒸留酒がつくられていたということになります。

一一七二年当時というのは、スコットランドにはもう既にスコット族の王国ができているので、ウイスキーも伝わっていたと考えていいのではないでしょうか。

それから、一四九四年の文献でもうひとつ重要なことは、当時、修道院がビールやウイスキーをつくっていたということですね。農家でももちろんつくっていましたが、蒸留の技術ということでは修道院が最も進んでいて、そこで大量につくられていたということです。当時、修道院では、つくったウイスキーを売ったり、巡礼してくる人たちにビールやウイスキーを出していたんだろうと思います。

Q．スコットランドで最古の蒸留所はどこですか。

スコッチの公式の記録として残っている最古の蒸留所は、一六八九年に建てられたフェリントッシュ蒸留所です。ハイランドのインヴァネスの南、カローデンというところにダンカン・フォーブスという人が建てたことになっていますが、今ではその場所もわからないそうです。これが一応、公式には第一号、最古の蒸留所というふうにされています。このフォーブスのことはロバート・バーンズもその詩にうたっていますから、当時としてはたいへん有名だったんでしょうね。

Q．どうしてスコットランドでウイスキーづくりが盛んになったのですか。アイリッシュはどうなのですか。

アイルランドもそうですが、もともと北の大地は穀物の生育にあまり適していません。とれるのはせいぜい大麦かカラス麦くらい。大麦を手っ取り早く換金するときに、スコッチウイスキーというのが好都合だったんです。

古いケルトの社会では、地代（レント）は牛で支払われていました。それが農業形態が変わることによって、レントを牛ではなく穀物で納めるようになり、さらにはウイスキーで納めるようになったのです。もちろんそれらを換金してお金で支払うんですが。かつては穀物の保存というのが大変難しかったということもあって、保存のために大麦をウイスキーに変えてしまったんですね。

特にハイランドを中心とした農村地帯の中では、スコッチというのは彼らの生活と切っても切れないものになっていきました。だから、どこの農家でもかつては自家製のウイスキーというものをつくっていたわけです。スコットランドでウイスキーづくりが盛んになったのは、そうした農業形態、あるいは伝統文化と無縁ではありません。もちろん、これは後でも述べますが、ウイスキーづくりというのは彼らの民族としての誇りでもありました。

Q．スコッチが世界中に広まったのはいつ頃ですか。

もともとスコットランドの地酒にすぎなかったスコッチが、世界の酒として認知されるようになったのはそれほど古いことではなくて、実はスコッチにブレンデッドウイスキーが誕生してからの話です。今から一五〇年ぐらい前、一八五〇年代から六〇年代にかけてで、それが世界に浸透していったのは、一九世紀の終わりごろ、ヴィクトリア朝の時代のことです。世界の七つの海を支配した大英帝国のイギリス人、この中に当然スコットランド人も含まれているわけですが、彼らがスコッチが世界に進出するきっかけをつくったわけです。

Q．アイリッシュが衰退したのはなぜですか。

アイルランドでもウイスキーづくりは盛んでした。ところが、ヴィクトリア朝の頃のアイルランドというのは独立国じゃないわけですね。アイルランドという国はずっとイギリスに搾取され続けてきた、いわばイギリスの植民地でした。その中でアイリッシュウイスキーはつくり続けられてきて、今から一〇〇年前には、アイルランドには二〇〇近い蒸留所があったといわれています。スコッチもやはり二〇〇ぐらいの蒸留所があったわけで、ほぼ両者は拮抗していました。

もともとアイリッシュは、アイルランドの移民の多かったアメリカ大陸ではスコッチ以上に飲まれていたんですが、スコッチにブレンデッドが誕生し、大流行したことと、アイルランドの独立戦争で、多くの蒸留所がダメージを受けてしまったことで、衰退してゆきました。

アイルランドの南部二六州が自由国として独立したのが一九二二年。当時、イギリスの商圏というのは世界中に広がっていましたが、このときをもって、イギリスの商圏からアイリッシュウイスキーは締め出されてしまったんです。独立に対する報復ですね。また、国土が独立戦争で焦土と化してしまって、ダブリン周辺に集中していた蒸留所が軒並み閉鎖に追い込まれてしまった。ウイスキーづくりどころではなくなってしまったのです。

さらに追い打ちをかけたのは、アイリッシュの第一の市場だったアメリカで禁酒法が成立して（一九二〇〜三三年）、ウイスキーが売れなくなってしまったことです。例のアル・カポネや連邦保安官が活躍した時代ですね。実際には禁酒法時代のほうがウイスキーの消費は増えたといいますが、人々が非合法に飲んでいたのが『アイリッシュ』のラベルが貼られた粗悪な、そして偽のウイスキーだったんです。このダメージが大きかった。禁酒法が解除された後、人々のアイリッシュ離れが起きてしまったからです。それだけ粗悪な偽ウイスキーに対する反感が大きかったのでしょう。これは後で述べますが、アイリッシュの責任ではありません。

で、結局、一〇〇年たった今現在、スコッチには約一一〇の蒸留所が残ったのに対して、アイリッシュにはたった三つしか残らないという逆転現象が起きてしまったのです。

Q．現存するスコッチの蒸留所の中で一番古いのはどこですか。

これも諸説あって、どれをもって最古とするかというのは難しいですが、一番古いといわれているのは、ローランドのリトルミル蒸留所、これが創業一七七二年といわれています。ただし、リトルミル蒸留所は今から五年前に閉鎖になって、現在、建物はコンピューター関連会社に売却されてしまったので、今後、リトルミルという蒸留所のウイスキーはつくられることはありません。永久に生産されることのない蒸留所なので、そうすると現存し、なおかつ操業している蒸留所で一番古いのはどこかということになると、これも諸説あるんですが、一七七五年に創業した南ハイランドのグレンタレット蒸留所ということになるかもしれないですね。次がアイラ島のボウモア蒸留所（一七七九年）で、三番目が東ハイランドのグレンギリー蒸留所（一七八五年）でしょうか。

Q．反対に、もっとも新しい蒸留所はどこですか。

蒸留所で一番新しいのは、一九九五年夏に創業したアラン島のアイル・オブ・アラン蒸留所です。創業者のハロルド・カリー氏はキャンベル・ディスティラーズ社、シーバス・ブラザーズ社の取締役を務めたスコッチ業界の重鎮です。ウイスキー産業、ウイスキー業界に携わった人だったら、自分の蒸留所を持ちたいと夢に思うのは当然でしょうが、その永年の夢を実現させたのが、このアラン蒸留所です。

蒸留所をつくるというのは大変費用のかかることで、個人でそれをなし遂げるというのは至難の業といっていいかもしれない。なおかつ、今、スコッチの蒸留所というのは統廃合が進み、逆に閉鎖に追い込まれる蒸留所のほうが多いんですが、その中で新しい蒸留所をつくるというのは非常にチャレンジングなことだと思います。

アラン島といっても、〝アランセーター〟で有名なアイルランドのアラン島ではありません。

スコットランドのアラン島です。一八三〇年代までアラン島にも蒸留所があったのですが、それ以降は一滴もつくられていませんでした。一六〇年ぶりにそれを復活させたのが、アラン蒸留所です。

Q．スコッチには重税がかけられていたとききましたが。

課税が最初に行われたのは、文献的には一六四四年。スコットランド議会が初めてアクアビテ、ウイスキーに税金をかけたのが始まりです。それ以後のスコッチの歴史というのは課税の歴史といわれるほどで、非常に複雑な課税が行われました。スコッチの税金というのはほんとうに首尾一貫性のない税金で、時代によっても変わりますし、極端な話、それぞれの蒸留所によって課税の条件が変わったりもしました。場当たり的な課税をどんどんやったわけですね。それで混乱を来し、スコットランド人は嫌気が差して、だれもが税金を払わない、いわゆる密造の時代に入っていくわけです。

その歴史の中でも一番影響が大きかったのは一七〇七年で、この年スコットランドがイングランドに併合されて、これをもってスコットランドという国は消滅しました。つまり、スコットランドの議会がなくなって、イングランド、ロンドンのウエストミンスターが唯一の議会になったわけで、これ以降、ものすごい重税が課せられるんです。一説によると、それまでの一五倍の税金が課せられたといいます。

激しさを増してきた対仏戦争の戦費をまかなおうというのがその主な理由で、イングランド人にしてみれば、もともとスコットランドなんてどうでもいい国だし、当時、イングランド人はウ

密造の様子を伝える古い絵

密造酒づくりに使用された小さなスチル

イスキーなんか飲んでいませんから、どうでもいい国のどうでもいい人たちが飲んでいるウイスキーに、どんどん重税をかけたということですね。

それ以降も何度も何度も、課税の強化が行われてきましたが、最後に決定的にそれが緩和されたのが、一八二三年。密造がどうしようもないことになってしまったので、酒税の見直しが行われ、この年に大幅な酒税法改正をやるんですね。これでスコッチの密造の時代が終わることになりました。

Q. 密造酒、密造の時代の重要な発見とは何ですか。

スコッチの歴史の中で重要なのは、一つは密造の歴史、もう一つはブレンデッドの誕生です。

密造をするとはどういうことかというと、ハイランドの山奥の深い谷の中で、見つからないようにウイスキーをつくるということです。このことにより、スコッチにとって何が重要かがわかることになりました。

密造は、いつ警察に捕まるかわからない、命がけでやっているところがあって、小さな、持ち運びができるポットスチルを使って、山奥に行って行われました。山の水を使い、ふんだんに取れるピートで麦芽を乾燥させました。スコッチの特徴の一つでもあるピートの薫香は、密造時代に発達したものです。

密造時代が終わっても、彼らが蒸留所を建てたのは、かつて密造をしていた場所でした。なぜかというと、スコッチづくりにとって欠かせないものが何であるかということを彼らは学んだわけですね。それは良質の水であり、ピートであり、山奥の冷涼な気候風土なんです。

特に重要なのは樽熟成の発見です。官憲の摘発をおそれて、木の樽にできたウイスキーを詰めて隠したり、持ち運んだりしました。そこから樽で寝かせるという技術が生まれたわけです。それ以前のスコッチウイスキーというのは、樽で熟成させるということはあまり行われていませんでした。積極的に樽で熟成させるということをやり始めたのは、密造時代の経験があったからこそです。

密造時代は必然的に長い間、樽で隠しておく必要があり、そのことによって、ウイスキーを熟成させるとどのように変わるかということを彼らは学びました。それまでは、そんなことをする必要がありませんから、できたてのスピリッツ、無色透明の液体を飲んでいました。今考えれば荒々しい、火のように強い酒だったんですね。

Q. 密造酒時代というのは何年ぐらい続いたのですか。公認第一号蒸留所は。

グレンリベット蒸留所の職人たち（19世紀後半）

一七世紀の終わりぐらいに始まって、一八二三年の酒税法改正までが密造酒時代と言われます。もちろん、一八二三年の酒税法改正で即、密造がなくなったわけじゃない。翌年の一八二四年にこの酒税法改正を受けて、初めて政府公認の蒸留所となったのがグレンリベット蒸留所です。グレンリベットというのは『リベット谷』という意味で、たくさんの密造者たちがリベット谷に隠れてウイスキーづくりをやっていました。その数二〇〇と言われます。

彼らが学んだことは、リベット谷がウイスキーづくりに最適な環境であること。それは、豊富な湧水、ふんだんなピート、冷涼な気候、それから、近くに大麦の一大産地があるということで、密造者たちのあこがれの土地だったんですね。中でも当時、評判を呼んでいたナンバーワンの密造者がジョージ・スミスという男。この男が自分の領主であるゴードン公、彼こそが酒税法改正の立役者ですが、そのすすめに従って、一八二四年に初めて政府公認第一号の蒸留所を、自分が密造していた谷からすぐのところに建てるわけです。これがグレンリベット蒸留所です。当時、ジョージ・スミスは、密造者仲間から裏切り者と決めつけられて、命を狙われたとか。蒸留所も焼き討ちに遭っています。そのため彼はピストルをいつも持ち歩いていたといいます。今、グレンリベット蒸留所に行くと、このピストルが誇らしげに飾ってあります。

そうはいっても、酒税法の改正で密造をやる意味があまりなくなった。年間一〇ポンドの免許料を払えば、誰でもがウイスキーの蒸留をすることが可能になって、さらに税金も一律いくらと定められたんですね。だから、一八二〇年代にたくさんの蒸留所ができます。特にスペイサイドやハイランドに多くの蒸留所が建てられました。その数約二五〇ですから凄まじい。それ以降、密造がどんどん減っていきました。かつて、年間の密造摘発件数というのは、ピーク時で一万四〇〇〇件あったと言いますが、酒税法改正の十数年後には年間数件に減ってしまいます。ほんとうにドラマチックに変わってしまうわけですね。結局、スコッチの密造の歴史は一三〇年くらい続き、その終末を迎えました。

Q．スコッチはどのようにして広まっていったのですか。

もともとスコッチというのはスコットランドの地酒です。だから、イングランド人はスコッチなんて誰も飲みませんでした。しかし、酒税法の改正があって、スコットランドのハイランド地方に公認蒸留所ができ、生産量が増えるに従って、当然ウイスキーをつくっている蒸留業者はそれを売らないといけません。当時はまだブレンデッドウイスキーはありませんが、それを売るために、一番のマーケットであるローランド地方に持っていきました。ローランドというのはエジンバラとかグラスゴーがある、スコットランドの人口密集地ですね。同じスコットランドだから、そこではもちろん売れるんだけれども、もっと南のイングランド、特に大都市ロンドンでは、彼らはスコッチを売ることに成功しませんでした。

ところが、一八五〇年代、六〇年代になって、モルトウイスキーにかわってブレンデッドウイ

スコットランドの首都エジンバラ

スキーというのが誕生します。これには、まずグレーンウイスキーというものができないといけないのですが、一八三一年に連続式蒸留器が発明されて、グレーンウイスキーが一気に生産されるようになります。それを受けて、一八五〇年代から六〇年代に、それまで全くなかったブレンデッドウイスキーという新しいスコッチができたわけです。

　これを当時のヴィクトリア朝のロンドンに持っていって売ろうとしました。売ろうとしたんだけれども、やはり最初は全然売れませんでした。しかしここに、スコッチにとって大きな幸運が訪れます。

　当時、ヴィクトリア朝のロンドンの紳士たちが飲んでいたのは、食前酒はシェリー、食中酒はワインで、食後酒はブランデーでした。それもブランデーのソーダ割りというのが流行していました。ところが、一八六〇年代から八〇年代にかけて、ヨーロッパのブドウの木が全滅するという事件が起きてしまいます。フィロキセラというブドウの木の根につく害虫の大流行です。

　ブランデーというのはワインからしかつくれませんから、当然ブランデーもつくれないという事態になってしまいました。ここに、当時、誕生して間もなかったブレンデッドウイスキーが売り込みをかけたわけですね。最初はやむなくブランデーに代わるものとしてスコッチを選んだ紳士たちですが、やがて、スコッチのブレンデッドというのはそれまでのモルトウイスキーに比べて非常に飲みやすい、ブランデーにも負けないフレーバーを持った飲み物だということが分かって、一気にロンドン市場においてブレンデッドスコッチの販売量が増えたわけです。

スコッチにとっては、ラッキーな出来事でしたが、フランスやイタリアやヨーロッパのワイン生産国から見たら、とんでもない話ですね。というのは、フィロキセラがヨーロッパに蔓延したのは、当のイギリスが新大陸から持ち帰ったブドウの苗木が原因だったからです。ヨーロッパ大陸にもともとなかったのに、品種改良をしようとして持ち帰った苗木の中についていたフィロキセラが一気に広がってしまった。犯人は、王立植物園、キューガーデンから派遣されたプラントハンターたちですね。スコッチが飲まれるようになったのは、このフィロキセラが原因だったというのですから、皮肉といえば皮肉な話です。

Q．スコッチが世界中に広まったきっかけは。

もともとヨーロッパにはスコッチに対するあこがれがあって、ロンドンで飲まれる以前からヨーロッパでは飲まれていました。これは今も変わりません。スコッチは、今、世界の二〇〇カ国に輸出されていますが、その中の約四割は実はEU諸国なんです。単独の国としてはアメリカが一番の巨大マーケットですが、EUを一体として見たならば、この地域が一番スコッチを飲んでいます。イギリス国内の消費量というのはその中の一割にも満たない。国民一人当たりでいったら、フランス人やイタリア人、スペイン人、ギリシャ人のほうがはるかにスコッチを飲んでいます。

もともとフランスとスコットランドは、仲が良かったんです。『オールドアライアンス』、〝古き同盟〟という言葉があって、かなり古い時代から二つの王国は仲が良かった。どちらもイングランドと敵対していて、敵の敵は味方というわけです。イングランド王国にしてみれば、スコットランドはいつも目の上のたんこぶ。イングランドはフランスに宗主権を主張していますから歴史的な争いごとのたびに背後のスコットランドから虚をつかれる。もともといまいましいと思っていますから、そんなスコットランドの地酒なんか飲むわけがありません。

それが変わったのはヴィクトリア時代からです。ヴィクトリア女王がイングランドの王様としては、初めてスコットランド、特にハイランド地方に恋をし、スコッチを好んだといわれています。そのことが影響し、またフィロキセラのせいもあり、イングランドの貴族たちが、あるいはロンドンの紳士たちが、女王にならえでスコッチを飲み始めました。

当時のイギリスは世界の七つの海を支配していました。そのときに世界に出ていった人たちの中にはスコットランド人が多数いるんですね。日本の明治維新のときでもそうですが、イギリス人と思っている中に、実はたくさんのスコットランド人がいます。長崎のグラバー亭で有名なトーマス・グラバーもそうですし、彼らスコットランド人は、どの国に行っても彼らのナショナルドリンク、国民酒であるスコッチを飲むわけですね。それが世界中にスコッチが浸透したきっかけの一つとなりました。当時、スコッチと拮抗していたアイリッシュは、前に述べたような事情で逆に大英帝国から締め出しを食い、チャンスを失ってしまったのです。

さらにブレンデッドスコッチができたのが一八五〇年代から六〇年代。その当時、これも歴史的に見たら奇跡としか言いようがないんですが、スコットランドでものすごい起業家が出てきます。一介の、それこそ酒屋の主人が、ブレンドという新しい技術に注目して、独自のブレンドの技術を磨いて、相次いで会社を興してゆく。今、世界的なビッグネームの創業者はみんな、貴族でも何でもない、起業家なわけです。「ジョニーウォーカー」をつくったジョン・ウォーカーもそうですし、「バランタイン」をつくったジョージ・バランタインも、「ホワイトホース」をつくったピーター・マッキーもしかり、デュワーにしても、ブキャナンにしても、ヘイグにしても、数え上げたら切りがないくらい、みんなヴィクトリア朝時代に出てきたスコットランドの起業家です。ある意味では彼らもトーマス・グラバーと同じ冒険商人なんですね。

ホワイトホース社の創業者ピーター・マッキー

余談ですが、ウイスキーの世界だけではなく、当時、スコットランドからいろいろな世界的な起業家、発明家が出てきます。紅茶を世界に広め、紅茶王といわれたトーマス・リプトン、タイヤを考案したダンロップ、電話を発明したベル、産業革命の生みの親で蒸気機関を発明したワット、ペニシリンを発見したアレクサンダー・フレミング、テレビを発明したベアード……、彼らはみなスコットランド人です。

スコットランドというのは、今でも人口五一〇万人くらいの「小国」ですが、スコットランド人がいなかったら二〇世紀の文明はなかったんじゃないかと言われるぐらいに、一九世紀から二〇世紀にかけて、産業、医学の分野で優秀な人材を数多く輩出しているんですね。

これは、スコットランド人のある種の気質の反映なのかもしれません。非常に商売にたけていて、起業家精神に富んでいる。彼らと歩調を合わせるようにスコッチもまた、世界のウイスキーとなっていくわけです。

Q. ビッグファイブとウイスキーブームとは何のことですか。スコッチは順調に発展してきたのですか。

起業家の中でもビッグファイブと称されるウイスキー会社を興したのは、「ジョニーウォーカー」のジョン・ウォーカー、「ホワイトホース」のピーター・マッキー、「デュワーズ」のジョン・デュワー、「ブキャナンズ」のジェームズ・ブキャナン、それから「ヘイグ」のジョン・ヘイグですね。これがビッグファイブです。

ウイスキーブームというのは、一九世紀の後半に迎えたスコッチの一つのピークのことを指します。蒸留所の数で言うと、一八二三年の酒税法改正の後にものすごく誕生しますが、その次に多くできるのは、一九世紀後半です。今残っている蒸留所は大概その頃に建てられたものです。

ブレンデッドスコッチが誕生して、スコッチは世界の酒になりましたが、同時にスコッチの難しいところは、つくってすぐには売れないということです。販売できるまでに一〇年とか、そういうタイムラグがあるので、一〇年後の世界的な動向を予測しなくてはいけません。つくり過ぎると、当然のことながら操業停止に追い込まれるので、生産調整を絶えず強いられてきました。これは今でも同じで、そのためにスコッチの蒸留所というのは操業と休止を繰り返します。その中で、一八九八年にブレンド会社の一番の大手だったパティソンズ社の倒産という事件が起き、これで一回、スコッチブームはがたっと落ちるわけですね。

一九〇一年にヴィクトリア女王が亡くなってヴィクトリア朝という黄金の時代が終わり、二〇世紀に入ってすぐに第一次大戦があって、さらに世界恐慌に襲われる。その上アメリカの禁酒法があって、第二次大戦があって……と、世界は暗黒の時代を迎えます。当然、スコッチ業界も翻弄されました。特に両大戦とアメリカの禁酒法というのは非常に大きい出来事で、アイリッシュの衰退のみならず、スコッチもかなりの蒸留所が閉鎖に追い込まれました。そのスコッチ業界が停滞から復活したのは、戦後の一九五〇年代から六〇年代にかけてなのです。

Q. スコッチ業界の現状はどうなっていますか。

八〇年代の後半ぐらいからスコッチはまた厳しい時代が続いていますが、ここ二、三年は横這いからやや上向きに転じているんじゃないでしょうか。世界的にハードリカーというものが頭打ちになっている中で、スコッチのシングルモルトは非常に健闘していると思います。

スコッチの歴史というのは統廃合の歴史だから、世界的な合併劇がよく起きます。記憶に新しいところでは、ギネスグループとグランドメトロポリタングループの合併が起きて、ディアジオという巨大グループが誕生し、それぞれのウイスキー部門であるUD社とヴィントナーズ社が一緒になって、ユナイテッド・ディスティラーズ・アンド・ヴィントナーズ（UDV）という新しい会社ができました。UDV傘下の蒸留所というのは、おそらくスコッチの蒸留所の六割以上を占めているでしょうね。

スコッチの蒸留所であっても、オーナーはスコットランド人じゃないというケースはいくらでもあります。日本のサントリーもニッカウヰスキーも、宝酒造もスコッチの蒸留所を所有しています。ただし、職人はスコットランド人でないとできません。蒸留所のマネジャーはよそから連れてくることも可能ですが、職人というのは代々受け継がれた伝統の技術の持ち主で、しかもほとんどが地元の人たちです。その意味では、日本酒の杜氏《とうじ》にちょっと似ているかもしれませんね。

企業同士の合併があって親会社がいくら変わっても、蒸留所の職人たちが変わるということはそうないことなんです。したがってウイスキーづくりも変わることがありません。

Q. 日本で最初にスコッチを飲んだのは誰ですか。

日本に最初に入ってきたスコッチは何なのか、はっきりとはわかりませんが、「オールドパー」じゃないかという説があります。岩倉具視を団長とする遣欧米使節団が明治四年（一八七一）に日本を出発してアメリカ、ヨーロッパに行っていますが、そのときに、できて間もないオールドパーを持ち帰ったといわれています。ただし、これは確証がある話ではありません。ただオールドパーの輸入が、一八七〇年代にすでに始まっていることは確かです。

では、日本人で誰が一番初めにスコッチを飲んだかというと、これも諸説あって、三浦按針（ウィリアム・アダムス）が持ってきたという説もあります。そうすると、徳川家康ということになり、時代的にいうと一六〇〇年代だからあり得ないことではない。でも、はっきりいってこれも疑わしいですね。三浦按針はイングランド人であってスコットランド人ではありませんから。

それよりも一八五四年のペリー来航の際に、黒船にはスコッチの樽が積まれていて、それを最初に立ち寄った琉球で振る舞ったとの説があります。そうするとスコッチを最初に飲んだ日本人は、琉球政府の役人だということになりますね。

Q．日本ではいつ頃、誰が最初にウイスキーをつくったのですか。

明治維新後の日本では、ヨーロッパかぶれというか、イギリスの文化に対するあこがれがあって、その中で、国産のウイスキーをつくりたいという夢があったわけです。その夢を最初に実現させようとしたのは、摂津酒造という酒造メーカー。しかし、当時、スコッチウイスキーの製造方法というのは「国家秘密」だから、日本に教えるわけがありません。文献的にもそんなものはないということで、それじゃあ本場のスコットランドに誰か留学生を送ろうということになりました。そこで白羽の矢が立ったのが竹鶴政孝という青年でした。彼はもともと広島の造り酒屋の息子で、醸造学を勉強していて、ちょうど就職口を探しているときに摂津酒造からその話がありました。一九一八年、竹鶴は単身、スコットランドのグラスゴーに渡り、それから約二年間、ロングモーン蒸留所やヘーゼルバーン蒸留所などで実地にスコッチづくりを勉強しました。

しかし、戻ってきたときには、日本はちょうど大正末から昭和の初期にかけての大不況時代で、摂津酒造にはもはや財力がありませんでした。国産ウイスキーづくりの話は宙に浮いてしまったわけです。その竹鶴の夢を実現させたのが、サントリーの前身である寿屋の鳥井信治郎。鳥井にも竹鶴と同じ夢があり、一九二三年、今の山崎の地に国産第一号蒸留所が建設されました。これが現在のサントリー山崎蒸溜所です。そして一九二九年に国産ウイスキー第一号「白札」が誕生しました。

この「白札」がジャパニーズウイスキーの祖になるわけですが、すべてのつくり方をスコットランドで実地に学んだとおりに、まったく同じものをつくろうとしたという点で、「白札」はかなりスコッチに似たウイスキーだったといえます。ジャパニーズウイスキーはある意味ではスコッチの弟分です。その当時、世界を席巻していたのはブレンデッドであって、竹鶴や鳥井の頭の中にあったのも当然ブレンデッドウイスキー。シングルモルトではありませんでした。

しかし、やがて竹鶴と鳥井信治郎とはお互いに相容れないことがわかってきます。竹鶴は、樽詰め後八年は寝かせないといけないと主張する。それは、スコットランドでは八年寝かせるのが一般的だったから。一方、鳥井の考えでは、熟成は年数にかかわらず、最高の状態で瓶詰めすべきである、日本は気候風土が違うんだ、ジャパニーズウイスキーをつくるのであって、スコッチウイスキーをつくるんじゃない、ということで、考え方が対立してしまいました。

それじゃあということで竹鶴は山崎蒸溜所を退所して、スコットランドの気候風土に近い北海道の余市に、余市蒸留所をつくりました。これが国産第二号蒸留所、現ニッカウヰスキーの余市蒸留所です。当時の社名は大日本果汁といいました。

ところで、その間経営をどうするかという大問題があります。ウイスキーというのは必ずこの問題がつきまとうんですが、創業をしても製品になるのに十年近くかかるわけで、その間、どうやって凌ぐかということになる。そこで、彼が考えたのが、余市の近くでたくさん栽培されているリンゴを絞ってジュースにし、それを売るということでした。大日本果汁という会社名はそこからつけられたものです。ニッカウヰスキーという現社名は、大日本果汁の日と果からきています。

竹鶴があくまでもスコッチウイスキーにこだわったのに対して、鳥井信治郎がオリジナルのジャパニーズウイスキーを目指したというのは、非常に興味深いことですね。世界の五大ウイスキーとして独自の地位を築いたのは、鳥井の先見の明、柔軟な考え方が大いに寄与したと思います。

2　スコッチはこうして作られる

Q．スコッチの原料は何ですか。

モルトウイスキーの原料は大きくいって三つあります。一番目が大麦、二番目が水、三番目がイースト菌です。グレーンウイスキーの場合は、大麦の他にトウモロコシ、小麦、ライ麦なども使います。

Q．スコッチはどのようにして作られるのですか。

モルトウイスキーの製造法としては、大まかに六つの工程が考えられます。まず第一番目が製麦「モルティング」ですね。二番目が糖化作業「マッシング」、三番目が発酵「ファーメンテーション」、四番目が蒸留「ディスティレーション」、五番目が熟成「マチュレーション」、六番目が、これは製品にするときですけれども瓶詰め「ボトリング」と。この六つの工程を経てシングルモルトは製品になります。グレーン、ブレンデッドについては後で述べます。

【モルトの製造】

Q．製麦について教えてください。

まず、大麦の種子を水に浸けて水分を吸わせ、発芽させます。そのときに生まれる酵素が大麦のでん粉質を糖分に変える働きをします。発芽がある段階に達したら、逆に成長を止めてやるために乾燥させます。乾燥させた大麦麦芽を「モルト」といい、麦芽をつくることを製麦といいます。

Q．大麦はどんなものを使うのですか。ウイスキーづくりに適した大麦の条件は。

モルトウイスキーの場合、原料となる大麦はすべて二条大麦です。大麦には六条大麦と二条大麦とがあるのですが、ウイスキーに使われるものはすべて二条大麦です。

二条大麦の品種にも、もちろんいろいろな種類があります。伝統的にはゴールデンプロミス種という品種を使っていたんですが、今現在使っている蒸留所はほとんどありません。というのは、最新の品種に比べて栽培が難しいのと、収量が落ちるということで、栽培する農家が少なくなったのが理由の一つ。そのためにコスト高になって、蒸留所が敬遠しているということもあります。しかし、全然つくられてないわけではなくて、ゴールデンプロミスを一〇〇％使ってウイスキーを仕込むという蒸留所もあります。有名なのはマッカラン蒸留所ですね。スコットランド全体でとれるゴールデンプロミス種の約九五％はマッカランが使用しているそうです。残り五％はビール醸造用。つまりマッカラン以外では、スコットランド産ゴールデンプロミスは使っていないということですね。

今の新しい品種というとチャリオットとかペプキン、デルカド、カーマルグ、トライアンフ、パフィンヴァラエティーなどが知られていますが、そういった品種に比べてゴールデンプロミス種はコストが約一・五倍になるといいます。それでもマッカランはゴールデンプロミスにこだわり続けています。最近、スコットランドの農家ではゴールデンプロミスをつくりたがらないので、マッカランは次の手段として蒸留所周辺の農地を買い求め、その土地で栽培を始めました。もちろん農家に委託してゴールデンプロミスをつくってもらっています。そこまでこだわります。

マッカラン以外の蒸留所の場合は、毎年品種改良される大麦の中から最も適した大麦をそのつど選んで使用しています。適した大麦というのは、でん粉質が多く、たんぱく質と窒素の含有率が低いもの。それがウイスキーづくりに適した大麦の条件です。

Q．ゴールデンプロミスと他の品種では味が違うのですか。

ウイスキーになったとき、ゴールデンプロミスと他の品種の違いというのは、われわれ一般消費者にはわからないと思います。ウイスキーは醸造酒ではなく蒸留酒ですからね。ただ、マッカランの場合には昔からゴールデンプロミスを使い続けてきた、スコッチというのは昔はゴールデンプロミスしか使わなかった、だからそれ以外は使わないんだ、という強いこだわりがあるんですね。

Q．具体的にはどのように製麦するのですか。

大麦はそのままでは、これにイースト菌が作用してアルコールと二酸化炭素に分解することはできません。大麦の種子に含まれるでん粉質をまず糖分に変えてやる必要があります。そのために大麦を発芽させます。その過程で酵素が生まれ、この酵素が大麦のでん粉質を糖分に変える働きをするわけです。

　まず大麦を水に浸けて水分を吸わせる。収穫されたときの大麦の水分含有率というのは一〇％くらいです。これでは発芽をしないので、まず水に浸けて、それを浸麦といいますが、大麦の種子に水分を吸わせるわけですね。通常これは二、三日ぐらいかかりますが、何度か水を入れ、抜く〝ドライ・アンド・ウェット〟という作業を繰り返します。浸麦をするときに用いるのがスティープという浸麦槽です。たっぷりと水分を吸うと、大体水分含有率が四三％ぐらいまで上がります。これで発芽に必要な準備が整います。

浸麦槽スティープ（バルヴィニー）

　次にこれをコンクリートの床に二、三〇センチの厚さで広げてやると、大麦の殻の中で芽が伸び始めます。と同時に、根っこも伸び始めます。そのとき重要なのは、発芽に伴って温度が上がるので、四時間とか、あるいは六時間ごとにシールと呼ぶ木製のシャベルを使ってすき返しをやります。そうしないと下のほうの大麦と表面の大麦とでは発芽の進行が違ってしまいます。蒸留所にもよりますが、一度に行う製麦の量は八トンから一二トンくらい。これを木のシャベルですき返すというのは、熟練の技も要しますが、たいへんな重労働です。

　大麦の種類や季節によっても違いますが、通常この作業を七日から一〇日やると発芽がある段階まで進みます。蒸留所

ボウモア蒸留所のフロアモルティング

の職人たちは経験的にどの段階でとめるかということをちゃんと知っていて、通常は、芽が種子の長さの約半分の、さらに八分の五の長さになったところでとめてやるわけですね。殻を割ってみればわかるんですが、職人たちがよくやるのは、コンクリートの床、あるいは壁にその大麦をこすりつけて、チョークのように文字が書ければそれで発芽が完了したと判断します。この状態の麦芽のことを「グリーンモルト」といいます。湿っていて、もじゃもじゃと白い根っこが出ています。

発芽が完了したグリーンモルトをそのままの状態にしておくと、今度はどんどん芽が出てしまって糖分が逆に失われてしまいます。そこである段階で発芽をとめてやることが必要です。発芽をとめるためには水分を取り除けばいいということで、これを乾燥させる。そのときにスコットランドでは燃料となる木に乏しかったので、木のかわりにふんだんにあったピート、泥炭を燃やして、その熱で乾燥させました。これがスコッチ特有のピートフレーバー、スモーキーフレーバーのもとになっているんですね。

麦芽を乾燥させるのに大体四〇時間から四八時間、長いところですと五五時間くらいかかります。その乾燥を行うのがキルンという乾燥塔。キルンに麦芽を運び込んで、そのキルンの下にかまどがあって、そこでピートを燃やして乾燥させる。そうすると水分の含有率が四三%から四%

ぐらいまで落ちるわけですね。カラカラに乾燥させて麦芽づくりが完了すると、通常は蒸留所の貯蔵棟に運び込まれて、モルトビンというサイロに貯められます。

Q．製麦は各蒸留所で行うのですか。

今説明したのは、伝統的なフロアモルティング（自家製麦）の方法で、このフロアモルティングをやっている蒸留所は、数えるほどしかありません。アイラ島のラフロイグ、ボウモア、それからキャンベルタウンのスプリングバンク、オークニー島のハイランドパーク、スペイサイドのバルヴィニー、ロングモーン。ロングモーンは実際にはお隣のベンリアックでやっていますが。それと東ハイランドのグレンドロナックくらいです。ほかの蒸留所はすべて麦芽専門の業者、モルトスターで自分たちの仕様に合った麦芽をつくってもらって、それを買い入れています。現在スコットランドには、この手のモルトスターが十数カ所あります。

ピートを燃やし麦芽を乾燥させる

Q．フロアモルティングとモルトスターでの製麦の違いは何ですか。

麦芽を製造しているモルトスターでは、伝統的なフロアモルティングにかわって大量に生産ができるドラム式モルティングとか、もうちょっと古いものではサラディン方式とか、そういった近代的な方法で、一度に何十トンという麦芽を仕込みます。原理は基本的には同じですけれども、機械でやりますから、四時間とか六時間おきに職人がシャベルですき返すという必要はないわけですね。回転式の巨大な円筒形をしたドラムに麦芽を入れ、下から送風してやります。ドラムが回転することによってすき返しが行われるというわけです。しかもコンピューターでそれをコントロールしていますから、人手も少なくて済む。

例えば、一例を挙げるとアイラ島のラフロイグ蒸留所でやっているフロアモルティングは、一度にできる麦芽の量は八トンでしかありませんが、同じアイラ島にあるモルトスターのポートエレン製麦工場では一つのドラムの容量が五〇トンですから、六倍から七倍の仕込みができる。しかも、そのドラムが全部で七基あり、同時に三五〇トンの麦芽を仕込むことができます。はるかに効率的で、はるかに安くなります。最近ではスペイサイドにあるポールズモルト（製麦会社）のように、すべてオートメーション化された最新式の設備を備えているところもあり、これだとドラム式モルティングよりもさらに大量の麦芽をつくることが可能です。

Q．各蒸留所とも同じ麦芽を使うのですか。

どの大麦を使うかという品種の違い、それから仕様といっていますが、どのぐらいピートを焚き込むかは、蒸留所によって異なっています。それぞれ蒸留所がモルトスターに指定を出し、これをレシピといいますが、そのレシピに沿ってモルトスターが蒸留所ごとの麦芽をつくっていきます。ですから、アイラ島のポートエレンの場合でいうと、ピートを変えたりとか、ピートを焚き込む時間を変えたりとか、もちろん大麦の品種を変えたりとか、そういうことをして各蒸留所の希望に添うように麦芽をつくっています。

Q．キルンはどういう仕組みになっているのですか。

スコットランドの蒸留所に行くと、特徴的な屋根を持った建物が目につくと思います。東洋のパゴダのようで、蒸留所のシンボルともなっていますが、これが乾燥塔、キルンです。あのパゴダ屋根というのは実は煙突なんですが、誰が考案してなぜあのような形になったかというのは諸説あって、わかっていません。多分一九世紀頃に設計者のうちの誰かが、遊び心であういう形にしたのではないかと思います。東洋趣味というか、東洋的なものへの憧れが、当時の流行でしたから。それが非常に美しかったので、ほかの蒸留所も真似して、ああいうパゴダ屋根が広まったのではないかと思います。

ストラスアイラ蒸留所のキルン

　キルンの内部というのは大きなかまどだと思えばいいでしょう。一階部分にかまどの焚き口があって、そこでピート、それからピート以外では無煙炭とか、そういうものを焚くわけです。二階の天井がすのこ状になっていて、その上が麦芽を入れる部屋になっています。そのすのこの上に厚さが七〇センチから一メートルぐらいになるように麦芽を敷きつめて、下からピートを焚いて、煙と熱を送り込んでやる。その煙がパゴダ屋根の煙突を通って外に抜けるようになっているわけですね。

先ほども言いましたように、今はフロアモルティングをやっている蒸留所というのはほとんどないので、キルンもその本来の役目を終えています。ただ蒸留所のシンボルとして、これを残しているところは多いですね。実際、遠くから一目でそれとわかり、スコットランドになくてはならない風景となっています。

Q．ピートとは何ですか。

ピートは泥炭というふうに訳されています。もともとはヘザーとか、コケとか、シダといった寒冷地に生える植物が堆積してできたものです。ヘザーというのはツツジ科エリカ属の低木で、イングランドではヒースというのが一般的です。ヒースロー空港のヒースもこれですし、ヨークシャーの『嵐が丘』の舞台になった、ハワースムーアもヒースの荒地ですね。もともと寒冷地で、しかも荒れ地、土地がやせているところしか生えない低木です。ヒース、ヘザーというのは総称であって、仲間は六〇種類くらいあると言われています。大体八月から九月ぐらいにかけて小さい花をつけるんですが、それがピンクだったり紫だったり白だったりして、大地が一面に染まります。

このヘザーなどが堆積して七〇〇〇年から一万年ぐらいたつとピート、泥炭に変わるわけです。場所にもよりますが一五センチのピート層ができるのに一〇〇〇年かかると言われています。石炭の極端に若いものと考えればわかりやすいかもしれない。条件がありまして、やせた土地であるこ、湿地であること、寒冷地であること、こういう条件が満たされて初めて泥炭ができます。

日本でいうとわずかに尾瀬沼とか、北海道の石狩湿原とか根釧原野、こういうところでも泥炭はできます。

ただ、一概にピートといっても、その土地によって、あるいは場所によって質はおのずから異なってきます。堆積する植物も違うし気候風土も違うということで、一見すると同じに見えますが、実際に切り出して乾燥させて燃やしてみると、ピートの煙、煙臭というのは微妙に差がありますす。例えばアイラ島のウイスキーには独特のピート香、クレオソートのような香りがありますが、これはアイラ島のピートにはコケ類が多く、しかも絶えず海風に晒されているので、潮の香りが閉じ込められたからと考えられています。だから、どこで採れたピートを焚くかによっても蒸留所の麦芽の香りというのは変わってしまうわけですね。

アイラ島でのピートカッティング

Q．ピートはどうやって採るのですか。

地表二〇センチぐらいは、これはまだ土ですから、取り除いて、その下から切り出します。泥炭層の厚みは場所によって全然違いますが、例えば、スコットランドで一番ピートがふんだんにあるアイラ島の場合には一番厚いところで、ピート層が約一四メートルあるといわれています。それに対してスペイサイドとかキャンベルタウンのあるキンタイア半島あたりでは、かなりピートを掘り尽くした感があります。スペイサイドはまだ山の上のほうにピート層がたくさんありますが、キンタイア半島ではもう既にピートはほとんど採れなくなったという話も聞きます。ピートというのは、無尽蔵にあるわけではないのですね。

ピートカッティングというのを実際やってみると、ほんとうにそこは湿地なんですね。ずるずると沈み込んでしまって、知らずに入ると、はまってしまって動けなくなります。一度僕も膝上まではまってしまって、抜くのにものすごく苦労したことがあります。まず二〇センチから三〇センチ地表を切り取って、その下から切っていくんですが、泥というか、まるで黒褐色をした粘土のようなものです。これをブロック状に切り出して地面の上に置いて乾燥させます。ですから、ピートカッティングというのは大体五月、六月と夏場にやります。

ひと夏かけて乾燥させて、かちかちになったものを蒸留所に運び込んで、それを燃やすわけです。泥が燃えるというのは不思議な感じですけれども、乾燥させると非常によく燃えます。アイラ島あたりですと、今でも各家庭の暖炉の燃料に使われ、島の人の生活になくてはならないものになっています。島民でないとできないんですが、地主に年間一三ポンド程度払うと、一定の区画が与えられて、自由に切り出していいんですね。もちろん蒸留所は、蒸留所独自のピートベッド、採掘場を持っています。

Q. すべての蒸留所がピートで麦芽を乾燥させるのですか。また焚き込む強弱というのはあるのでしょうか。

すべての蒸留所というわけではありません。麦芽を乾燥させる際にピートを焚き込まない蒸留所ももちろんあります。例えば、南ハイランドのグレンゴインとか、ローランドのオーヘントッシャンとか、こういうところはピートを焚き込んでいません。モルトスターの場合には、重油、石炭、あるいはガスを焚いて熱風をつくって、それでまず乾燥させます。現在、ピートというのは乾燥が目的というよりも香りづけということで、ピートを焚き込む時間によってその度合いが大きく変わるわけですね。

そのピートを焚き込む度合いをフィノという言葉で表すのですが、例えば麦芽の仕様でそれほどピートを焚き込んでないものというと、「マッカラン」などがそうですが、大体フィノの含有率が一ｐｐｍといわれています。それに対してアイラ島は非常にスモーキーだといわれていますけれども、アイラ島の「カリラ」とか「ラフロイグ」とか「ラガヴーリン」とかは、フィノの含有率が三五ｐｐｍ。単純にいうとマッカランの三五倍のピート臭、スモーキーさがあるわけですね。中でも最大のものは「アードベッグ」。アードベッグは五五ｐｐｍと、スコットランドの全モルト中最もヘビーにピートを焚き込んでいます。

Q・ピートのみを使っている蒸留所はありますか。

ピートは昔、麦芽を乾燥させる燃料でしたが、今では香りづけの要素しか持っていません。ですから、燃料にピートしか用いなかった昔のモルトウイスキーは、はるかにスモーキーだったはずですね。スモーキーだということはヘビーだと言い換えてもいいんですけれども、フィノの含有率が高いと発酵に要する時間も長くなったり、いろいろなことに影響してきます。例外として、今でもピートのみを焚いて麦芽を乾燥させている蒸留所もあります。それはスプリングバンク蒸留所で、ここでつくっている「ロングロウ」という銘柄はピートのみを五五時間も焚いて麦芽を乾燥させています。キャンベルタウンモルトの伝統を伝えているというか、在りし日のモルトを忠実に再現しているんですね。

同じ蒸留所のものでも「スプリングバンク」という銘柄は逆に、六時間しかピートを焚いていません。

【糖化】

Q．糖化作業（マッシング）について教えてください。

第二の工程がマッシングという糖化作業ですね。まず運び込まれた麦芽の中からごみや小石などを取り除いた上で、モルトミルという機械を使って粉砕して粉状にします。これをマッシュタンと呼ばれる容器に入れてお湯を加えて混ぜ合わせ、麦芽の中の酵素、ジアスターゼなどがでん粉質を糖分に変えたところで糖液を取り出します。この糖液をイースト菌がアルコールと二酸化炭素に分解するわけです。

Q．具体的な糖化作業はどのように行われるのですか。

まず麦芽をふるいにかけてごみを取り除き、さらに小石などがかなり混じっているのでディーストナーという装置で石を取り除き、計量した上でモルトミルに送り込んでグラインダーで粉にします。粉状にされた麦芽のことを「グリスト」と呼びます。ここまでは一連の流れ作業で、蒸留所によって一度の仕込みに使うグリスト量は異なります。少ないところで一トンくらい、多いところでは一五トンくらいでしょうか。

グリストは三つの部分に分かれます。「ハスク」という殻の部分と、「グリッツ」という粒の部分と、「フラワー」という粉の部分です。ハスクが二で、グリッツが七、フラワーが一と、大体どこの蒸留所でもこういう比率に挽き分けます。ちょっと考えると殻の部分は要らないようにも思いますが、これは濾過の役目を果たすわけですね。糖液を漉しとる際の、いわば自動濾過装置みたいなものです。もちろんモルトミルという機械が自動的にやってくれるんですが、職人たちは毎回、正しい比率で挽かれているかどうか、サンプルを採って昔ながらの天秤計でチェックしています。

麦芽を粉にするモルトミル

次にマッシングを行う容器のことをマッシュタンといいますけれども、ここにグリストを入れて大量のお湯を加えます。お湯を加えることによって麦芽の中の酵素、主にジアスターゼが、でん粉質をマルトーズという麦芽糖に変える働きをします。お湯を加えておかゆ状になったどろどろしたマッシュがゆっくりと攪拌されて、糖液、麦汁ともいいますが、甘い麦のジュースが出てきます。それをすのこ状になっている下の部分から漉し取って糖液を得るわけです。糖液のことを「ワート」あるいは「ウォート」といいます。

実際に、飲んでみるとほのかに甘い麦のジュース、栄養ドリンクみたいな感じがします。蒸留所によって違いますが、マッシングは通常三回ないし四回お湯を加え、そのたびに温度は上げています。大体六〇度ぐらいから始まって最後は一〇〇度ぐらいです。四回加えるところでは、一回目、二回目を糖液として発酵の工程に回し、三回目、四回目は、漉し取りますがそれは発酵に回さず、次回のお湯としてリサイクルされます。三回の場合は、一、二回分を糖液として取りだし、三回目のお湯は次に回します。ひとつも無駄にしません。

グリストにお湯を加えて麦汁をしぼり取る

Q. マッシュタンに入れるお湯は仕込み水ですか。

製麦のときに使用された水もそうですが、このときに使われるお湯というのも当然蒸留所の仕込み水、マザーウォーターです。この仕込み水が各蒸留所によって全く違うわけですね。スコットランドの場合はほとんどが軟水ですが、中には硬水、ミネラルやカルシウム分を多く含んだハードウォーターを使っている蒸留所もあります。その水も無色透明な湧き水から、泥炭層をくぐり抜けた茶色く濁った水まで、さまざまな水があります。この水の性格が、その蒸留所のウイスキーの性格のもとをつくっています。そういう意味で仕込み水は、非常に重要です。

Q．仕込み水によって味が変わるということですか。

蒸留所の第一条件は、仕込みに使える良質の水が豊富にあること。浸麦からマッシングのプロセスにかけて大量の仕込み水を必要としますから。その仕込み水はもちろん水道水ではだめで、あくまでも天然の水でなければいけない。それもこんこんと湧き出る泉か、あるいは絶対に枯れることのない川とか湖とか、そういうところから引いているわけですね。極端な言い方をすれば、蒸留所の立地というのはそういった豊富な湧き水があるところ、良質の水のあるところ、そこにこそ蒸留所が建てられるということになります。実際、水源が枯れてしまったため閉鎖に追い込まれた蒸留所とか、生産量を上げようとしても上げられない蒸留所というのもあります。もちろん水量もですが、いかに水質を維持するかということで、水源地の確保、環境保全に蒸留所は日々努力をしています。

グレンモーレンジの仕込み水、ターロギーの泉

スコットランドに行って最初に驚くのは、特にハイランドの場合はほとんどの川が日本の川のイメージと違って、茶色く濁って見えることですね。これが泥炭層を流れるピートの川です。ピートの川という言い方が当たっているかどうかわかりませんけれども、要するに、その川が流れている土地が泥炭層だということ。泥炭というのは黒褐色の粘土層のよう

なものですから、そこを流れている川は当然それを溶かし込んで黒褐色に濁って見えます。飲んでも全く問題はないし、逆に非常に柔らかくておいしい水です。またそうした川は、サーモンをはじめとしてトラウトやシートラウトなど、豊富な生物が生息する川でもあるんですね。

ウイスキーは蒸留酒ですから、どんなに仕込み水が濁っていようが蒸留したら無色透明に変わります。ただ、その水の性格というのが最初の麦芽づくりのとき、麦芽の中にしっかりと閉じ込められ、さらに糖液、この中にも仕込み水の風味が溶け込んでいます。だから、水というのはそのウイスキーの性格を決める重要な要素になるわけですね。

Q．マッシュタンとはどのようなものですか。材質は何ですか。

各蒸留所によって容量、材質はまちまちです。グリストのところで述べましたが、小さいところでは一トンぐらいのものから、大きい蒸留所だと一二トンとか、一五トンとかいったサイズのものまであります。マッシングに要する時間もまちまちで、大きい一二トンのマッシュタンを使うところでは一〇時間とか一二時間とか、かなり長い時間がかかります。もちろん加えるお湯の回数にもよります。

材質は、古くは鋳鉄製のマッシュタンを使っていたようです。今ではほとんど見かけませんが、「スプリングバンク」や「エドラダワー」、それにアイラ島の「ブルイックラディ」などではまだ使っています。マッシュタンそのものはおそらく一〇〇年ぐらい使用に耐えられるので、昔のものをそのまま使っている蒸留所もあるんですね。近代的なものになるとステンレス製や銅製で、コンピューター管理されたマッシュタンというのももちろんあります。逆に木のマッシュタンというのはありません。

Q．ワート（糖液）をとった後の搾りかすはどうするのですか。

この搾りかすには糖分はありませんが、たんぱく質をはじめ、まだ豊富に栄養分を含んでいます。ですから、そのまま捨てるのはもったいないということで、かつては家畜、主に牛の餌になりました。蒸留所によっては牛などを飼っていたところもありますし、あるいは周辺で飼われている牛や馬や豚が、品評会などで賞をとったりすることがよくあったそうですね。この栄養分を含んだ搾りかすのことを「ドラフ」といいますけれども、ドラフがふんだんに手に入ったからといえるでしょう。

現在は蒸留所で家畜を飼うことはなく、ドラフを回収して専門の業者に売ります。あるいは蒸留所グループごとに、ドラフを加工する工場を持っていて、そこでペレット状の家畜の飼料に加工します。この飼料を「ダークグレーン」といいますけれども、その工場というのがスコットランドに行くと各地に見られます。長い煙突から白い煙をもくもくと吐き出している工場の建物が見えたら、ほとんどがダークグレーン工場だと思って間違いありません。これにはドラフだけではなくて、初留（第一回目の蒸留）の過程でできるポットエールという廃液なども混ぜています。スコッチというのはもともと自然の産物のみを使ってつくられているのですが、ウイスキーづくりの過程でできる副産物はリサイクルされて、また自然に返ります。スコッチづくりは農業と一体というか、スコットランドの産業構造の一環として存在しているんですね。

【発酵】

Q．発酵作業について教えてください。

いよいよ発酵に移ります。発酵過程では、取り出した熱い糖液をある程度冷ましてからウォッシュバックと呼ばれる発酵槽に入れ、イースト菌を加えて発酵させます。この時にイースト菌が糖液をアルコールと二酸化炭素に分解し、ウォッシュと呼ばれる発酵液、もろみになるのです。

Q．なぜ糖液を冷やすのですか。

糖液、ワートはもともと六〇度とか七〇度という高温です。ところが、その温度ではイースト菌は死んでしまいます。イースト菌は二〇度以下でないと働きません。ですからワートをまず二〇度以下に冷却しないといけません。そのときに各蒸留所では熱交換器を使います。ワーツクーラー、あるいはヒートエクスチェンジャーという熱交換器を通すことによって、温度を二〇度ぐらいにまで下げます。その上でワートは発酵槽に運び込まれます。

Q．ヒートエクスチェンジャーやワーツクーラーの仕組みは。

原理でいえばラジエーターのようなものです。一方から冷たい水を送り込んで、もう一方からワートを送り込む。それが互いに接触することによって熱を交換し合うという仕組みですね。もちろん、接するといっても中身が混ざるわけではない。ジャバラのような構造になっていて、その中で冷水とワーツが接触し合う。その中を通すことによって冷水は温められ、糖液は逆に冷やされる。つまりお互いの熱交換が行われるわけです。

水は蒸留所のクーリングウォーター、冷却水です。仕込み水とは別に蒸留所には必ずクーリングウォーターが必要です。もちろん、仕込み水をそのまま使ってもいいんですけれども、クーリングウォーターの場合には普通は川の水とか、飲める水じゃなくても構いません。例えば、アイラ島などの海のそばに建っている蒸留所では、海水を使ってこれをやるところもあります。海水は非常に温度が低く、しかも大量にあるので、熱交換には最適なのです。

エドラダワーのオープンワーツクーラー

Q．オープンワーツクーラーとは何ですか。

もっとも古い形のもので、これはエドラダワー蒸留所にしか残っていません。冷却水を使わずに、空気だけで冷やすものです。だからオープンで、ワートが外気と直接触れるようになっていて、それにより冷却します。これだと時間もかかり、大量のワートを冷やすことができません。それに外気温にも影響されますから夏場は生産できなくなります。

Q．ウォッシュバックとはどのようなものですか。その材質は。

糖液にイースト菌を加えて発酵させる巨大な桶のことをウォッシュバック、発酵槽といいます。各蒸留所によってサイズや材質、数がまちまちですけれども、大きな蒸留所ではその数が一二基とか一六基とか、逆に小さいところでは三、四基しかありません。サイズも、小さいところでは一万リットルぐらいしかないところもありますし、中には一基で六万とか八万リットルとかいう容量を持っているところもあります。

材質は大きく分けて二種類。もとはすべて木製だったんですが、しかし最近では、木製のものにかわってステンレス製のウォッシュバックも導入されるようになりました。木製のものは金属製のものにはない利点、例えば振動は発酵によくないとされていますが、その振動が伝わりにくいとか、あるいは蒸留所独自の微生物、主に乳酸菌などが住み着いて、独自のフレーバーを与えるとか、たくさんの利点があります。しかし、温度管理と、それから清掃がしにくいという大きな欠点があります。発酵槽の清掃は、一度の仕込みが終わるたびに通常スチームで行いますが、ステンレスに比べてはるかに長時間かかるし、しかも重労働を要求されます。ステンレスですと一時間で済むところが、木製のものだと一二時間くらいかかるといわれます。それでステンレス製に切り替える蒸留所が増えてきました。

木製のウォッシュバックも、その材質はさまざまです。昔はスコットランド産のカラ松を使っていましたが、残念ながら現在ではスコットランドにはウォッシュバックに加工できるような大きな木がないので、北米から輸入されるカラ松やオレゴンパイン、ダグラスファーというモミの木を使っています。他にもカナダ産の松の木だとか、変わったところでは南米産のパラニアンパインとか、シベリア産のカラ松とかいうのもありますね。要するに節がないほうがいい。節があるとそこからどうしても漏れてしまいますから。それに発酵槽というのは非常に巨大ですから、加工しやすい、やわらかな松の木やモミの木が、一番いいとされています。

寿命は材質にもよりますが、だいたい三〇年から四〇年くらい。新しいウォッシュバックを導入するたびに樽職人がよばれて、それを蒸留所で組み立てます。

Q．イースト菌について教えてください。

イースト菌は単細胞の微生物の一種で、その数は何千とあります。ウイスキーづくりに適したイースト菌だけでも数百。その中から各蒸留所は、自分たちに適したイースト菌を選び、それを使用しています。

スコッチで使うイースト菌は、大きく分けると二つの種類があります。ビール醸造で使うビール酵母、ブリュワリーイーストと、純粋培養した培養酵母、ディスティラリーイーストの二種類です。この二種類の酵母を各蒸留所ではそれぞれ選択して使っています。蒸留所によってはディスティラリーイーストのみを使うところとか、反対にビール酵母だけを使うところとか、両者をミックスして使うところとか、それも何種類もの酵母をミックスするところとか、いろいろあります。もちろん、イースト菌によってもでき上がるウォッシュ、発酵液のフレーバー、さらにウイスキーの風味が変わります。

ディスティラリーイーストの場合は発酵速度が早く、ブリュワリーイーストの場合は逆に速度が遅く、そのかわりアルコール耐性が強いという違いもありますね。発酵槽の大きさにもよりますが、通常イースト菌は二〇〇キロ近くが一度に使われます。ディスティラリーイーストは蒸留所のイーストルームで保管できますが、ブリュワリーイーストはビール醸造会社からそのつど購入し、冷凍輸送します。生きた微生物ですから、輸送や温度管理には細心の注意が払われます。

Q．発酵にはどれくらい時間がかかるのですか。泡切り装置とは何ですか。

例えばハイランドパークのような寒冷地の場合ですと発酵時間は長めですね。平均的には四八時間ぐらいといわれていますけれども、ハイランドパークの場合には五〇時間から六〇時間。麦芽の仕様によっても異なります。ピートをヘビーに焚き込んだ麦芽を使用するとどうしても発酵時間が長くなるので、その場合はやはり五〇時間とか六〇時間かかるといわれます。

発酵に伴ってどんどん二酸化炭素の泡が出てきますので、その泡をそのままにしておくと、ウォッシュバックの重い木のふたを吹き飛ばしてしまいます。そのためウォッシュバックの上部に泡切り装置が取り付けられていて、発酵の最盛期にはそれが回転して泡をカットします。四八時間ぐらいしますとまた液面が下がって、アルコール度数が七％から八％ぐらいのもろみができます。ここまではビールの製造工程と似ています。ビールはホップを加えますが、ウイスキーにはそれがないだけですね。

甘酸っぱく、ちょっと黄色く濁っていて、飲んでもおいしいものです。麦のドブロクといった感じでしょうか。このもろみのことをウォッシュといいます。だから発酵槽のことをウォッシュバックというわけですね。

【蒸留】

Q．蒸留について教えてください。

蒸留とは、発酵によってできたウォッシュを、ポットスチルという単式蒸留釜に入れて加熱し、気化したアルコールの蒸気を冷やし、再び液体に戻して取り出すことをいうわけですね。つまりアルコールを凝縮させて濃度を高める。スコッチは通常これを二回行います。

Q．ポットスチルとは何ですか。どういう構造になっていますか。

ポットスチルは日本語では単式蒸留器、あるいは単式蒸留釜と呼びます。一回の蒸留ごとに中身を入れ替えるから単式と呼ばれます。それに対して中身を入れ替えず、連続して蒸留が行えるのが連続式蒸留器。これについてはグレーンウイスキーのところで述べます。

モルトウイスキーは通常、単式蒸留釜で二回蒸留しますが、一回目の蒸留をする釜を初留釜、ウォッシュスチル、二回目の蒸留をする釜を再留釜、ローワインスチル、あるいはスピリッツスチルと呼びます。それぞれ別の釜を使います。どこの蒸留所でもそうですけれども、初留釜と再留釜は通常ワンペアになっていて、初留釜のサイズに比べて再留釜は小さくなっています。

ポットスチルはボディといっている胴体の部分と、その上にネック、あるいはヘッドといわれる気化したアルコールが通る首の部分がつけられています。さらにそのネックの一番上のところがスワンネック、〝白鳥の首〟といわれるように、優美な曲線を描いてラインアームにつながっています。ラインアーム、これはラインパイプともいいますが、このパイプを通って気化したアルコール蒸気が、冷却装置に運ばれます。

ポットスチルの材質はすべて銅です。銅一〇〇％。ステンレスとか鉄といった、銅以外の金属を使うことはありません。これは銅がある種、触媒のような働きをしているので、それ以外の金属は使えないということです。ポットスチルはすべて手作りです。ですから、どれ一つとして同じものはない。つまり、一一〇の蒸留所のポットスチルの形、大きさは全部異なっていて、これがモルトウイスキーの個性が異なる要因の一つにもなっています。

Q. 蒸留の仕組みを教えてください。冷却装置とは何ですか。

ポットスチルの仕組みというのは、蒸留という技術を人類が知った大昔と、原理的には何ら変わるところはありません。形が大きくなっただけで、昔の蒸留器とほとんど一緒です。水は一気圧のもとでは一〇〇度で沸騰しますね。沸騰というのは液体が気体に変わることですけれども、それに対して同じ条件下でアルコールは七八・三度で沸騰します。初留釜にアルコール度数七%から八%のウォッシュを入れて、下から火を当ててやると、最初にアルコールが沸騰して、気化して出てくる。つまり水と分離してアルコールだけが凝縮されます。

その蒸気が通っていくパイプのことを、先ほどもいいましたように、ラインアーム、ラインパイプといいます。このパイプの先が今度は冷却装置につながっています。釜の中で熱せられたアルコールが気体となって首の部分を伝わって上へ上へと上がっていって、一番上のスワンネックの部分から今度は細いパイプ、ラインアームに運ばれて、さらにこのパイプを通って冷却装置のところに運ばれる。

冷却装置というのは伝統的にはワームタブといいまして、蛇のようにパイプが渦巻き状になっている。ワームというのは本来ミミズのことですが、スコットランドでは小さい蛇のことをワームと言ったりするのでこういう名称がついたのでしょう。日本では蛇管と訳されています。この蛇管が冷水を満たした大きな桶（タブ）の中を通っていることから、ワームタブといいます。気化したアルコールはこのワームタブの中で冷却され、再び液体となって取り出されます。今でもこのワームタブを使うところもありますが、最近はコンデンサーと呼ぶ冷却装置のほうが一般的ですね。原理は同じですが、コンデンサーのほうが場所をとらず、しかも効率的です。

一度の蒸留でアルコール度数は約三倍に濃縮されます。ですから、例えば七％のウォッシュだとすると、第一回目の蒸留で得られるアルコール度数は二一から二四％ぐらい。一回目の蒸留で得られたこの液体のことをローワインといいます。まだ、これはウイスキーではありません。この状態ではまだ度数が低過ぎるので、このローワインを今度は再留釜に移して二回目の蒸留が始まります。二回目の蒸留で、再びアルコールは三倍に濃縮され、度数七〇％くらいのスピリッツに生まれ変わるわけですね。

屋外冷却槽ワームタブ（タリスカー）

Q．三回蒸留とは何のことですか。

スコッチでは例外的に三回蒸留をやっている蒸留所があります。ローランドのオーヘントッシャンやローズバンクがそれです。三回蒸留の場合には初留釜と再留釜の中間に、インターミディエイトスチル、後留釜というのを置き、三つのスチルで蒸留を行います。当然アルコール

3回蒸留を行うオーヘントッシャンのスチル

度数は高くなり、最後の蒸留では八十数％の純度の高いアルコールが取り出されます。二回蒸留に比べて手間がかかりますが、ライトタイプのウイスキーが出来上がり、熟成期間も短くて済むというメリットがあります。実は三回蒸留というのは、アイリッシュウイスキーの伝統で、オーヘントッシャンの場合も創業者がアイルランドから来た、アイルランド人だったといいます。それで今でも三回蒸留にこだわっているのでしょうね。

Q．ポットスチルの形、サイズには意味があるのですか。

ポットスチルの一番小さいサイズは、法律的に四〇〇ガロンと決められています。四〇〇ガロンというのは約二〇〇〇リットルくらいです。南ハイランドのエドラダワー蒸留所の再留釜のサイズがほぼこれにあたります。というより、これをもとにして法律が定められたのですね。ですから、これ以下のものを使うと密造とみなされ、摘発の対象となります。二〇〇〇リットルといったらかなり大きいですけど、それ以下だと容易に隠したりできるからでしょうか。

スコッチのポットスチルはしたがって小は二〇〇〇リットルぐらいから、大は三万リットルぐらいまであります。それに比べてアイリッシュのものははるかに大きいですね。アイリッシュの場合、一番大きかったのは一四万リットルという巨大なものもありました。これもアイリッシュの

(左)ウォータージャケットがついたダルモアのスチル (右)ボウモアのストレートヘッド型スチル

特徴の一つです。

ポットスチルの形状、大きさがフレーバーにどのように影響するかというのは、これは科学的にはまだまだ解明されてない分野ですが、一般論でいえば背の高い、つまりヘッドの部分が高いもの、細いものは軽いアルコールを取り出すことができるといえます。ポットスチルの形状というのは、スコットランドではあまり分類することはないんですが、大きく分けるとヘッドと胴体の部分がストレートにつながっているストレートヘッドといわれるもの、胴体とヘッドの部分にくびれがあって、ランプのような形をしているランプシェープ、あるいはランタンヘッドといわれるもの、それから胴体の上のところに一度膨らみを持たせて、その上にヘッドがついているような、ボール型のものとかがあります。それによってもフレーバーが異なってきます。

それ以外でも風変わりなポットスチルがたくさんあります。例えばスキャパやインヴァリーブンのローモンドスチル、ロッホローモンド蒸留所の変型コラム式ポットスチルとか、ダルモアなどが使っているウォータージャケット付きのスチルとか、実はどれ一つとして同じものは存在しないのです。

それから、ポットスチルの形状が違うように、ラインアームの角

(左)ランタンヘッド型(ラフロイグ) (中)スキャパのローモンドスチル (右)ロッホローモンドの変型コラムスチル

度も各蒸留所によって微妙に違います。ラインアームが上向きにつけられていると、気化したアルコールの中の重い部分が途中で冷やされてしまって液体に戻る。それがポットスチル内部に戻っていってしまうんですね。ところが、その逆に角度が下向きにつけられていれば、一度スワンネックを通過したアルコールは液体になっても戻らない。全部冷却装置のほうに運ばれてしまって、結果としてやや重いスピリッツを生んでしまいます。どういうウイスキーをつくるかによっても、ラインアームの取り付け角度が違うわけですね。そういうところにも注意して、ポットスチルを見たら面白いかもしれません。

Q. ピュアリファイアーとは何ですか。

ピュアリファイアーとは、気化したアルコールの重い部分を取り除く精留器のことです。通常ラインアームの途中に取り付け、ここで一度冷却して重いアルコールをポットスチルに戻す役目をします。補助冷却装置と考えればいいです。なぜこんなものが考案されたかというと、昔のスコッチは今のものに比べてはるかにヘビーだった

（左）最小サイズであるエドラダワーのスチル
（右）ラガヴーリンのポットスチル

んですね。麦芽にピートが強く焚き込まれていますし、技術も今のように発達していなかった。スコッチがスコットランドの地酒であった頃にはそれでもよかったんですが、ブレンデッドが誕生して世界の酒になるにしたがって、ライトタイプのウイスキーが求められるようになりました。それでラインアームの角度もそうですが、精留器などを考案して、軽くすっきりとしたウイスキーづくりを目指したわけです。

　現在は蒸留技術も進歩し、それ以外の方法でライトタイプのウイスキーをつくることも可能になりましたし、ヘビーなものも求められる時代になりましたから、これを使うところは少なくなりました。グレングラントとかエドラダワー、アードベッグ、プルトニーなど数えるほどしか残っていないですね。ダルモア蒸留所のウォータージャケットも似たような原理です。

Q．ポットスチルはどれくらいの年数使うのですか。

　ポットスチルの耐用年数ですね。ポットスチルは煮炊きする釜と同じで、しかも触媒として銅が微妙な作用を及ぼすので、どんどん内側の銅がすり減ってしまいます。そのために大体二〇年ぐらいのサイクルで新しいものと交換しないといけません。もちろん、部分部分によって銅のすり減り具合が違うので、パーツごとに取り換えていきます。二〇年から三〇年で新しいポットスチルに換わるということですね。

一番摩滅が激しいのがネックの部分で、これは七～一〇年で換えるそうです。ただ、その場合もそれ以前のものと全く同じ形、大きさのものをつくり続けていきます。なぜかといったら、そうしないと味が変わってしまうから。今動いているポットスチルが、たまたま最近つくり換えたものだとしても、ほとんど創業当時の形をそのままずっと使い続けていることになります。なぜそういう形なのかということを職人に聞いてもわからない。彼が生まれるずっと前から、その形だったわけですから。

精留器のついたグレングラントのスチル

Q. ポットスチルの加熱方法について教えてください。ラメージャー、エクスターナルヒーティングとは何ですか。

ポットスチルの加熱方法もそれぞれの蒸留所によって違います。もとはやかんと同じように直接、釜の下の部分、底の部分に火を当てていました。その火は古くは石炭だったりしたんですけれども、今現在、石炭を直接焚くというところはほとんどありません。かろうじてグレンフィディックが石炭の直火焚きを今でもやっているくらいでしょうか。それにかわって天然ガスを焚いているところはあります。この方法のことを直火焚き蒸留といいます。

かつてはどこの蒸留所でも直火焚き蒸留をやっていましたが、これは火の調節が難しいんですね。しかも、内側が焦げつきやすいので、職人の熟練の技を必要とします。ですから、今、直火焚き蒸留にかわって主流となってきたのが間接加熱方法です。これの最もポピュラーなものはスチームのパイプを釜の内部に通して、そのスチームの熱で、初留釜の場合はウォッシュ、再留釜の場合はローワインを加熱する仕組みです。このことをスチーム加熱、蒸気蒸留方式といい、スチームのパイプにはコイル式のものとケトル式のものがあります。これだとはるかに温度コントロールがしやすく、さらに内部が焦げつきにくいという利点があります。

直火焚き蒸留をやっているところは、内部の焦げつきを防ぐために、今でも特殊な装置を使わないといけません。その特殊な装置というのがラメージャーという銅製の鎖の束、鎖の網みたいなものです。これを蒸留の間ずっと、ポットスチルの中をずるずると引きずりまわします。鍋で煮物をするときに、しゃもじでかき混ぜるのと原理は一緒です。

もうひとつ、これはかなり専門的なことになりますが、直火焚き加熱、スチーム加熱の中間の仕組みとしてエクスターナルヒーティングというのがあります。もろみやローワインを外部で、ポットスチルの外側で加熱して中に戻すというやり方です。そのときに加熱するのが熱交換器の一種です。ただしこれは相当特殊な加熱方法で、これを採用しているのは僕が知っている限りでは、スペイサイドのグレンバーギと、ミルトンダフの二つしかありません。

Q．スピリッツセーフ、フォアショッツ、ミドルカット、フェインツとは何ですか。

銅製のラメージャー（グレンドロナック）

二回目の蒸留が終わるとスピリッツが誕生しますが、まだウイスキーじゃないですね。ここではあくまでもスピリッツです。このときにスピリッツセーフというものを通ります。再留釜で蒸留したあと、このスピリッツセーフを通して、ある作業をしないといけない。そこで、ウイスキーをカットするわけですね。

二度目の蒸留でできたスピリッツというのは最初の部分をフォアショッツ、あるいはヘッドと呼んでいまして、これは不純物とかオイル分を多く含んでいます。ですから、ここの部分はウイスキーとして熟成に回すには不適切。だから、これを取り除く。大体どこの蒸留所でも最初の二〇分くらいはフォアショッツで、それからようやく熟成に回す芯の部分が流れ出します。

ずっと蒸留を続けていきますと、当然のことで徐々にアルコール度数が下がってきますね。下がってきた最後の部分を今度はフェインツ、あるいはテールといいます。時間としてはフェインツが一番長いんですけれども、最後はアルコール度数が〇%という状態になる。このフェインツもアルコール度数が低く熟成には適さないので、これも取り除くわけです。つまり頭としっぽを取り除き、熟成に回す中心の部分だけを選り分けることを、ミドルカットといい、その作業をする機械、装置がスピリッツセーフなんです。

スピリッツセーフはガラス張りの小さな箱のようなもので、これをセーフ（金庫）というのは、実はこの段階からスコッチの場合は課税の対象になっていて、その象徴として錠前がつけられているからです。職人といえども勝手に開けて、試飲することはできません。かつては蒸留所駐在の保税官、これは政府の役人で、彼が鍵を持っていたんですが、現在は蒸留所所長が持っています。職人は試飲できませんから、スピリッツセーフ内の温度計とアルコール比重計を使って、熟成に回すハートの部分をミドルカットします。これは非常に集中力を要求される作業で、通常は職人の中でも最も熟練したベテランがこれに当たります。

スピリッツセーフとスチルマン（クレイゲラヒー）

当然のことながら、このハートの部分、芯の部分をどの程度取るかによってもウイスキーの質は大きく変化します。一般論で言えば、その幅が狭ければ狭いほど（ミドルカットの時間が短ければ短いほど）ピュアなというか、クオリティーの高いウイスキーができるわけですね。ただし、そうかといって極端に狭くしたら非効率的で、生産量が上がりませんから、採算が取れない。どのくらいの幅でカットするかというのは各蒸留所によってそれぞれまちまちですが、ここが職人の腕の見せどころです。いかにベストの部分を取り出せるか、職人の腕にかかっています。

この蒸留担当の職人のことをスチルマンといいます。フォアショッツ、フェインツはフェインツレシーバーという容器に貯めておいて、次の蒸留のときにローワインに混ぜて、もう一度蒸留します。だから、無駄にしているわけではありません。ある意味では、たえず循環させながらその中からハートの部分を取り出しているとも言えるわけですね。

熟成に回すハートの部分はこの段階で初めてスピリッツと呼ばれ、平均するとだいたい七〇％くらいの度数があります。このスピリッツを貯める容器をスピリッツレシーバーといい、そこから樽詰めが行われるフィリングステーションに運ばれます。スコッチの法律では木の樽で三年寝かせて初めてスコッチウイスキーといえるわけですから、この段階ではスコッチでもウイスキーでもありません。ニュースピリッツとか、あるいはニューポット、あえてそれ以外に名前をつけるとすれば、ブリティッシュ・ファイン・スピリッツとか、そういう名称でしかあり得ないわけですね。もちろん、無色透明の荒々しい酒です。

【熟成】

Q．熟成について教えてください。

蒸留によって取り出されたスピリッツを樽に詰め、一定の期間貯蔵することによって、酒質が磨かれ、まろやかになることを熟成といいます。

どこの蒸留所でもポットスチルのある蒸留棟、スチルハウスという建物があるんですが、その蒸留棟に隣接してフィリングステーションという樽詰めの作業場があります。ここに大きな桶、あるいはタンクがあって、スピリッツレシーバーに貯められたニュースピリッツが移されるわけですね。ここで重要なのは、アルコール度数七〇%のままでは樽に詰めないということです。水が加えられてアルコール度数を、微妙な差はあるんですけれども、ほぼ六三・五%に落としてから樽詰めをします。アルコール度数が高すぎると蒸発する量が多いとか、いろいろな理由があるのでしょうけれど、そういう科学的な根拠というより、経験的に蒸留所の職人たちが六三・五という度数が、最も熟成に適したアルコール度数であるということを学んできたということですね。六三・五%というのは随分細かいと思われるでしょうが、かなり厳密にやっています。六三・四というところもあるし、六三・〇というところもある。しかし、六四・〇というところはあまりないようですね。大部分のところは六三・五という細かいところまで計算していま す。そのときの水は当然蒸留所の仕込み水です。水を加えてよくなじませ、それから一つひとつの樽に詰めてゆきます。このときに内容量をきちんと量り、鏡板のところにその数字を書いておきます。他にも蒸留所や蒸留年、樽番号など、鏡板にはデータが記載されています。最近はバーコードをつけて、それでコンピューター管理するところも増えてきましたね。

加水されたニュースピリッツを樽に詰める

Q．樽にはどんな種類がありますか。

スコッチで使う樽は、材質的にはすべてオークです。オークもほとんどがホワイトオークという種類で、これは日本で言うと樫の木というよりもナラ（コナラ、ミズナラなど）に近い種です。学名はクエルクス・アルバ（*Quercus alba*）。北米原産です。他にヨーロッパ産のクエルクス・ロブール（*Quercus robur*）も使います。一般的にはコモンオークとして知られている樹ですね。

スコッチの場合にはニューメイクの新樽というものを使うことはまずありません。なぜかといったら、一つにはスコットランドには樽にできるホワイトオークがありません。それと、そんなものをつくらなくても、古い出来合いの樽が利用できたということですね。樽にはその前に何が詰められていたかによって大きく二つの種類があります。一つがシェリー酒を詰めていたシェリー樽で、もう一つがバーボンウイスキーの熟成に使用されたバーボン樽。

シェリー酒というのは南スペインのヘレスという地方でつくられている酒精強化ワインです。シェリー酒の熟成に使われているのが、スパニッシュオークでできているシェリー樽。このシェリー樽がもともとスコットランドに大量に輸入されていました。シェリー酒の輸出入というのは樽で行われていましたからね。スコットランドに運ばれて、かつては樽から量り売りされていました。したがってシェリーの樽がいっぱい余ったんですが、それをスコッチの業者が利用してきたわけです。今でもイギリスは、スコットランドも含めてですが、シェリー酒の世界最大の消費地です。

ところが、スコッチの生産量がこれだけ伸びてくると、シェリー樽が足りなくなってしまいました。当たり前のことですがシェリー酒の生産量というのはヘレスという地方に限られていますから、それほど増産がきかない。だから、シェリー樽の需要のほうが供給量を上回って、シェリー樽が手に入りにくくなってしまった。そのときにスコッチの業者が注目したのがアメリカのバーボン樽でした。

なぜかというと、バーボンウイスキーはアメリカの法律で、内側を焦がした新樽しか使ってはいけないと決められています。つまりバーボンウイスキーというのは一度しか樽を使えないということですね。そうすると、一度使った樽というのはみんな不要になるわけです。その不要になった樽をスコットランドに運んできて、スコッチの熟成に利用することを思いつきました。

伝統的なダンネージ積みの熟成庫（クラガンモア）

バーボン樽を使い始めたというのは、したがってそれほど古い話ではないでしょうね。おそらく今世紀に入ってから。もっというならば、第二次大戦後ぐらいから盛んに使うようになったのではないかと思います。

Q．樽は種類によって値段が違うのですか。

もちろんです。今現在、シェリー樽というのは数が限られていて、非常に貴重なものになっています。毎年値段は変動しますが、平均して一個三五〇ポンドから四〇〇ポンド。一ポンド一八〇円で換算すると空き樽で七万円もするわけですね。それに比べてバーボン樽というのは大量にありますから、一つ大体三五ポンド（六三〇〇円）くらいだといわれています。シェリー樽に比べて十分の一ぐらいでしかありません。

それでバーボン樽を使うようになったんですね。

現在、スペインの法律が変わってシェリー酒というのは瓶詰めでしか輸出できなくなってしまいました。ですからシェリー樽は空の状態で持ってきます。バーボン樽は空の状態でそのまま持ってくる場合と、ばらして持ってくる場合と両方あるようです。それをスコットランドで組み立てます。この時に側板の枚数を増やして、一回り大きなホグスヘッド樽に組み替えたりします。

Q．蒸留所では樽の種類にもこだわっているのでしょうか。

もちろんそれぞれの蒸留所によって、独自のこだわりがあります。

シェリー樽一〇〇％熟成ということでいうと、「マッカラン」とか「グレンファークラス」などが有名ですが、マッカランの場合には、いち早くシェリー樽が将来不足するだろうということを見越してスペインに進出しました。スパニッシュオークの原産というのはほとんど北スペインだそうですけれども、そこで原木を買いつけてマッカランの出資した子会社、製樽会社で新樽のシェリーバットをつくって、それをヘレスに持っていってシェリー業者に貸しつける。シェリー業者はただで樽が使えますから喜んでその樽を使います。三年ぐらいたったところで、中身をシェリー業者に渡して空でマッカランに持ってくるわけですね。

そのときにマッカランがこだわっているのはシェリー酒の種類。シェリーにはオロロソとかフィノとかペドロヒメネスとかクリームとか、いろいろありますが、マッカランが使っているのは、その中のドライ・オロロソという種類の樽のみです。しかも、マッカランの場合にはファーストフィルとセカンドフィルの二つしか使わない。ファーストフィルというのはシェリーの空き樽に最初にウイスキーを詰めることで、セカンドフィルはその後の樽、つまり一度ウイスキー（この場合はマッカラン）を熟成させた後の樽のことです。実は樽は三回目以降もまだ使えますが、あえて使わない。それはほかの業者に売ります。ですから、マッカランのお古を、ほかの蒸留所が使ったりするわけですね。

逆にバーボン樽しか使わないという蒸留所もあります。代表的なのがハイランドの「グレンモーレンジ」。それから、アイラ島の「ラフロイグ」。特にラフロイグの場合はバーボンの、しかもファーストフィルの樽しか使いません。徹底的なこだわりを持っています。

Q．バーボン樽とシェリー樽では、風味はどう違うのですか。

まず見た目の色の違い。これはあくまでも一般論ですが、シェリー樽熟成のほうが色が濃くなります。それから甘いシェリー香、濃厚な果実風味が生まれます。それに対してバーボン樽熟成の特徴は、さわやかなバニラ香……色はシェリー樽ほど濃くはなりません。大まかに言えばそういうことでしょうか。

Q．リフィルカスク、プレーンカスク、ウイスキーカスクという呼び方があるそうですが、それは何ですか。

リフィルカスクというのは文字通り再利用樽という意味で、これはシェリー樽でもバーボン樽でも二回目以降の場合はすべてリフィルカスクになります。スコッチの場合は新樽を使うことはまずあり得ないので、ほとんどがリフィルカスクと考えていいかと思います。プレーンカスクというのは、何度も使い古して、シェリーやバーボンの風味の影響を受けなくなった樽のことを言います。ウイスキーカスクというのも同じです。ただこれらは厳密な用語というより通称のようなものですから、蒸留所によっても解釈が違ったりします。

Q．樽の容量はどれくらいですか。

シェリー樽とバーボン樽はサイズが違います。スコッチの熟成で使う樽は中身、それ以前に何が詰められていたかという違いと、もう一つサイズ、容量による違いがあります。

小さいものから挙げると、オクタブという樽、これは容量が大体四〇から六〇リットルぐらい。これはあまり一般的ではありません。その上にクオーターという樽があります。これは一二〇から一六〇リットルぐらい。これもあまり一般的ではないですね。その上がバレルというサイズ。アメリカのバーボン樽というのはほとんどがこのバレル樽で、容量は約一八〇リットル。その上にホグスヘッドという樽があります。

これはバーボンのバレルを膨らませたような樽で、容量が約二五〇リットル。スコッチで一番多いのが、このホグスヘッドですね。ホッグスというのは豚のことで、豚一頭の重さがちょうどウイスキーを入れたこの樽の重さと同じことから、ホグスヘッドと呼ばれたのだと言われます。そして、最後が主にシェリー酒で使われるバットという樽ですね。容量が約五〇〇リットルあります。スコッチは法律で七〇〇リットルを超える樽は使ってはいけないことになっているので、このシェリーバットが一番大きな樽ということになります。

他にパンチョンという樽があって、こちらの容量は四八〇から五二〇リットルくらいありますが、スコッチではあまり一般的ではありません。

Q．ホグスヘッドはもともとバーボン樽ですか、シェリー樽ですか。

これはもともとバーボン樽でもシェリー樽でもありません。スコットランドに来て組み直したものです。通常はバレル樽をばらして側板の数を増やして容量を大きくしたのがホグスヘッドですが、なぜそうするかというと、そのほうがスコッチの熟成には適しているからです。小さい樽は熟成が早く、大きな樽は熟成が遅いといわれます。バレルよりはホグスヘッドのほうが熟成がゆっくりと行われ、シェリーバットならさらに長くなります。だから例外もありますが、スコッチの場合にはバレル樽をそのまま使うより、ホグスヘッドに組み替えることのほうが多いですね。数は少ないですが、古いシェリー樽などからホグスヘッドを作ることもあります。

Q．樽の寿命はどれくらいですか。

さきほども言いましたように、スコッチの場合にはシェリー樽やバーボン樽のほかにウイスキー樽、ウイスキーカスクというのがあります。実は樽というのは大体五〇年とか、長いもので七〇年とかという寿命があります。シェリー酒などは、もともと二年とか三年しか寝かせません。バーボンの場合も五、六年、長くても八年ぐらいですから、樽そのものの寿命でいったら、ほんのわずかしか使ってないということになります。そうすると残りの四〇年から六〇年、使い続けることが可能なわけですね。スコッチで一〇年使ったとしても、まだ残りが四〇年ぐらいある。樽というのは何度も何度もリサイクルしながら使うわけです。

シェリーやバーボンが詰められていた樽をスコットランドに持ってきて、最初にウイスキーを熟成させる樽のことをファーストフィルといいます。もちろん、次も使えますから、次はセカンドフィルになります。さらにその次がサードフィルというふうになって、どんどん使っていくことが可能です。そうすると、ファーストフィルでは、シェリー樽の場合でいうとかなりシェリー酒の風味がウイスキーに影響をおよぼします。ところが、セカンド、サードになれば、既にそのころにはシェリー酒の風味が薄くなっていますから、あまり影響を受けなくなる。逆にいうとスコッチのフレーバーがついてくる。ですから、二番目、三番目、四番目の樽のことをシェリー樽やバーボン樽じゃなくてウイスキー樽と言ったりするわけですね。

実際は熟成の年数にもよりますが、例えば五〇年もつとして、一〇年ずつだったら五、六回使えるということになります。ただし、オフィシャルのシングルモルトの場合には、四、五回目の樽を使うことはほとんどありません。シングルモルトは一、二回、せいぜい三回目ぐらいまででしょうか。それ以降はグレーンウイスキーの熟成に使ったりします。

やはり長く使えば使うほど側板、スティーブという部分にウイスキーがしみ込み傷んできますので、どんどん側板の内側を削っていかないといけません。そうするとどんどん薄くなってしまうので、最終的には品質の落ちる樽になってしまいます。グレーンウイスキーに比べてモルトウイスキーは高価ですから、品質の落ちる樽はあえて使わないのですね。

Q．樽は熟成のたびに補修をするのですか。クーパレッジとは何ですか。

樽は一回熟成に使うと、すべて補修作業に回されます。仕立て直しをやるわけですね。樽は樽職人、クーパーといいますけれども、クーパーが釘一本使わずに手作りで組み上げたもの。何枚もの側板を組み合わせてつくっていきますが、熟成期間中に、側板によっては一部分が腐ってしまうとか、漏れてしまうということが起きます。そういったものは当然、次に使うときには補修をしないといけない。別の側板を持ってきて組み直しをやるわけです。毎回それをやりますので、同じ樽というものは一つとしてないということになるわけですね。

クーパレッジとは樽工場、職人の作業場のことをいいます。蒸留所でクーパレッジを持っているところと持ってないところがありますが、ほとんどのところは別会社になっていて、そこに全部委託します。地域ごとに専門の工場があって、職人さんたちは歩合給で働いています。一個補修をして、いくらという具合に。スペイサイドのダフタウン町の近くに「スペイサイド・クーパレッジ」という会社があって、ここでは見学もできますから、興味のある人は行ってみるといいでしょう。

スペイサイド・クーパレッジ

Q．寿命が尽きた樽はどうするのですか。

スモーク材にしたりとか、それから日本でもガーデニングがブームになっていますけれども、イギリスでも昔から鉢植え用のポットに利用したりとか、いろいろな利用法があります。スコットランドはサーモンや鹿肉が有名ですが、廃樽で燻したスモークドサーモンは格別のおいしさです。世界一美味といってもいいかもしれません。ウイスキーの熟成に適さないといっても、オーク材として見た場合には、家具などにももちろん加工できます。そういう意味では全く無駄がありません。もともと樽にするオークというのは最上のオークです。ホワイトオークの樹齢一〇〇年ぐらいのものを使っていますし、すべて柾目取りですから非常に高価なものです。これを再利用しない手はないですね。

ラック方式の巨大な熟成庫（アイル・オブ・ジュラ蒸留所）

Q・熟成に適した条件はありますか。ラック式、ダンネージ式というのは何ですか。

熟成に最も適した条件というのは、湿気があって寒冷地で、年間の温度変化があまりないところといわれています。スコットランドの気候風土というのはまさにその条件を満たしているわけですね。

樽の積み方ですが、伝統的にはダンネージ積みといって、せいぜい三段くらいにしか積みません。床は土のままで、一階建てというのが伝統的な熟成庫です。今はそれにかわってラック方式といって、十数段まで積み上げる巨大な熟成庫もできています。樽は一度詰めて熟成庫の中に運ばれ、そこに置かれたら二度と動かすことはありません。出荷されるまでその場所でずっと長い眠りに就くわけですね。

Q．一つひとつの樽がすべて違う風味になるというのは本当ですか。

これこそ熟成の神秘です。スコッチは、熟成期間中にいろいろな変化が起きます。そもそもウイスキーの琥珀色というのは、すべて熟成期間中に樽の成分がしみ出たものです。樽はシェリー樽にしろ、バーボン樽にしろ、ウイスキー樽にしろ、すべて手作りですから、どれひとつとして同じものがありません。容量もまちまちです。厳密にいうと五〇〇リットルといっても、詰めてみたら中には四八〇しかなかったとか、四九〇だったとか、そういうふうにサイズもまちまちです。しかも、同じ時期に仕込んで、同じ場所に、隣同士に置いた樽でも、一二年とか一五年経つとまるっきり違うものになる。なぜ違うものになるかというのは、これはいまだにわからない。科学では説明がつかないということです。寝かしてみないと、熟成させてみないとわからない。神のみぞ知る。ヒトの技術や知識ではどうしようもない、だから熟成の神秘なのです。

熟成庫の中のどの位置に樽が置かれたかによってもまるっきり違います。外壁に近いところと真ん中あたりの樽と、一番下に積まれた樽と上に積まれた樽とでは顕著に違ってきます。かつては三段しか積まなかったというのはそういうことなんですね。あまりその差ができては困るということです。今のラック方式のように十数段も積むと、やはり下のものと上のものではかなり品質、熟成の度合いが変わってしまいます。伝統を重んじるというのは、昔ながらの風味を守るということで、スコッチの蒸留所では変化をもっとも嫌います。一〇〇年以上前の熟成庫をそのまま使っている蒸留所もたくさんありますし、蜘蛛の巣も払わない。冗談でなく、巣を払うと味が変わってしまうという職人もいるくらいです。

Q. 熟成期間中にウイスキーにどんな変化が起こっているのですか。「天使の分け前」とは。

まず一つは樽を通してウイスキーは毎年蒸発していきます。樽の種類、蒸留所の熟成庫の気候風土によって違いますが、平均して一年に二%から三%ずつ蒸発して、樽の中身が減っていく。と同時に、アルコール度数も徐々に下がっていきます。ですから、一〇年ぐらい経つとアルコール度数は六〇%ぐらいに、中身も五分の四くらいになってしまうんですね。五〇年も経てば中身は十分の一くらい、アルコール度数は四〇%くらいまで落ちてしまいます。

その減ってしまった分をスコットランドの職人たちは「天使の分け前」エンジェルズシェアといってきたわけですね。天使に取られてしまった分、スコッチはおいしくなる、まろやかに磨かれるということです。一説によると、スコッチ全体でその量は毎年一億六〇〇〇万本に相当するそうですから、とんでもない量ですね。

なぜ蒸発が起きるかといったら、ウイスキーは樽材を通して外気をやりとりしています。呼吸をすると言い換えてもいいかもしれません。オーク材は気密性に優れていると同時に、木ですから通気性もある。木肌を通して中身を蒸散させるわけです。このことがスコッチの個性に深く影響してきます。熟成庫の建っている土地の気候風土が違ってしまえば、ウイスキーの性格は全く違うものになります。一〇年とか二〇年とかという熟成期間中に、ウイスキーはその周りの環境を吸い込んでいます。環境によって育てられているわけですね。だから、スペイサイドのような山でつくられるウイスキーと、アイラ島のように海のそばでつくられるウイスキーとでは当然違います。

スペイサイドのものが非常に優雅で、花のような香りとか、そういうエレガントな味に仕上がるのは、おそらく山の空気を吸い込んでいるからでしょう。比喩的にいえば、咲き乱れる花の香りだとか、ヒースの香りだとか、そういった山の空気を吸って育ったからだと。アイラ島のものがヨードチンキのような香りがするのは当然のことで、それは海のそばで育っているからです。一〇年、一五年の間絶えず海風が充満するような熟成庫で育っていますから、潮の香りを閉じ込める。それがヨード臭ということになるわけですね。だから、スコッチにとって環境というのは非常に重要です。極端な言い方をするとスコッチの風味の約六割は、樽とその環境によって決まるといっていいかもしれない。つまり人間が作り出すのは四割しかないということですね。あとは神の手にゆだねられている……。

それと、気候風土によって熟成の度合い、蒸発の度合いが違ってくる。これも重要なことで、よく聞かれる質問の一つに、アルコール度数六三・五％で樽詰めしているのに、一〇年後、二〇年後に度数が逆に六五％に上がっているようなウイスキーがあるのはどうしてか、というのがあります。考えられることは一つですね。それは何かといったら、樽の置かれた環境が極端に乾燥しているようなところ、あるいは一〇年、二〇年寝ている間に極端に乾燥した夏を経験した場合とか、そういうときに空気が乾燥して、アルコール分ではなくて、水分のほうが蒸発の度合いが高まることがあります。そうすると水分が減ってしまって、相対的にアルコールの容量が増えてしまうことになる。通常はそうじゃなくて、適正な環境に置かれていれば、アルコール度数も徐々に下がっていきます。もちろん、樽にもよりけりですが。

Q．樽はどのように管理しているのですか。

リーク、つまり漏れがあったりしたら、当然その樽を使うことは不可能なので、樽を交換しないといけません。そのために定期的に職人が熟成庫の樽を叩いて回ります。叩かなくてもわかるんだろうけれども、叩いて回るのが一番早いんですね。鏡の部分を木槌で叩いて回るとその音でわかるといいます。リークがあれば、極端に中身が減ってしまうわけだから、カーンカーンという乾いた音がする。叩くだけで中身の分量がわかるんですね。わかれば、その樽は交換する。それ以外の場合は中身がどんなに減っていこうと、樽を動かすことはありません。

Q．マッカラン蒸留所ではシェリーバットしか使わないと聞いていたのに、行ってみたらホグスヘッドだとか、バーボン樽とかがありました。なぜですか。

あるいはバーボン樽しか使わないはずのラフロイグに行ってみたらシェリーバットがあった……。これもよく聞かれる質問ですが、それはどうしてかというと、実はマッカランにしろラフロイグにしろ、シェリー樽、バーボン樽しか使わないというのは、自分のところの（オフィシャルの）、それもシングルモルトに限った話なんですね。ですから、オフィシャルのラフロイグの場合には、すべてバーボンのファーストフィルでできています。同じようにオフィシャルのマッカランの場合には、それが一〇年だろうが一八年だろうが二五年だろうが、すべてシェリー樽でできているということです。

ところが、スコッチの蒸留所というのは、シングルモルト一〇〇％で成り立っているわけではないですね。モルトウイスキーというのはあくまでもブレンデッドスコッチの原酒ですから。スコッチの全生産量の九三％、世界で販売されているスコッチの九三％はブレンデッドスコッチで、シングルモルトは残りの七％なんです。そうすると平均的な蒸留所の場合だと、シングルモルトというのは全生産量の一割にも満たない。それ以外、九割近くは何かといったら、ブレンダーに供給するブレンデッドスコッチのためのウイスキーなんですね。

ブレンダーは、例えばラフロイグの場合でもバーボンバレルにこだわらないで、何度も利用していて安く手に入るホグスヘッドの古樽とか、そういうものを持ち込んで自社のブレンド用にラフロイグを詰めてもらっている。そういうケースがたくさんあるわけですね。詰めてもらって、そのままラフロイグの熟成庫で寝かせるというケースがあって、蒸留所に行っていろいろな樽があるというのは、シングルモルトの樽とは別にブレンダーが持ち込んでいる、さまざまな樽が同時に寝かされているからなんです。

だから、シングルモルトで出す製品についてはシェリー樽だけのものしか使っていないけれども、ほかに原酒としてブレンド用に回すものの中には、それ以外の樽もたくさん存在するということです。基本的には蒸留所のビジネスの中心というのは、シングルモルトではなく、ブレンダー用の原酒をつくることです。ブレンダーが要求するどんな樽にでも、ニュースピリッツを詰めて売るということなんですね。

Q．バーボンやシェリー樽以外では、どんなものがありますか。

最も有名なのは、グレンモーレンジがやっていることですけれども、シェリー樽、バーボン樽のほかにポート樽があります。ポートというのはポルトガルの酒精強化ワインです。それからマディラ酒の樽、マディラ樽というのもあります。そういった樽に詰めて熟成させるというのは最近の試みですが、以前スプリングバンクでもラム酒の樽を試みていました。

もう一つ変わったところでは、クラレットフィニッシュというのもあります。クラレットというのは、ボルドーの赤ワインのこと。イギリスではボルドーの赤ワインをクラレットといいますが、このクラレット樽を使って熟成させる。これもグレンモーレンジですね。そのクラレットもどこのシャトーのものにこだわるのか。

グレンモーレンジで最近やっていたのはシャトームートンロートシルト、あのグランヴァンのムートンの樽でモーレンジを熟成させるという試みです。フランスのワイン樽というのはほとんどがフレンチオークです。セシルオークというヨーロピアンオークの一種ですが、最初から熟成させるとかなりきつい風味になるので、最初にバーボン樽で一〇年くらい寝かせておいて、最後の二年とか三年をこのムートンの樽に詰めて風味を与えるというやり方です。いわゆるダブルウッド、ワインウッド・フィニッシュというやつですね。

ワインの樽だからといって色が赤くなったりすることはあり得ないですが、通常のものに比べて色がやや濃くなる。最初のトップノートの部分でちょっと赤ワイン特有の香味が出てきます。ムートン特有といえるかどうかはわかりませんが。さらに、グレンモーレンジでは最近白ワインの樽にも注目していて、シャルドネやシュナンブランの樽を最後に使うということも始めています。グレンモーレンジ社傘下のグレンマレイがそれで、現在シュナンブランの樽を使って熟成させたものが発売されています。熟成させる樽は、これからもっともっといろいろなヴァリエーションが出てくるんじゃないかと思います。

一方で「ラフロイグ」のようにバーボンのファーストフィルしか使わないとか、あるいは、「マッカラン」のようにオロロソシェリーのファースト、セカンドしか使わないとか、そういう頑固なこだわりを持っているところもあって、スコッチというのは本当におもしろいですね。

Q．製麦から始まって樽詰めまでどれくらいかかりますか。季節は影響しますか。

製麦に一〇日、糖化に一日、発酵に二、三日、そして蒸留に一ないし二日と考えると、樽詰めの段階まで、どんなに長く見ても二週間から二〇日間くらい。それに対して熟成には最低で三年、通常は一〇年から二〇年かかりますから、いかに樽に詰めてからが長いかということですね。

大麦には春麦と冬麦がありますが、それが収穫される時期に合わせて仕込みが行われます。秋は大体九月の終わりぐらいから仕込み始めて、次の六月ぐらいまで。六月の終わりから九月の初めぐらいまで、どこの蒸留所も仕込みは休みます。

ただ、大麦はスコットランド産のものが使えればいいんですが、残念ながらそれだけでは足りないので、イングランド産やヨーロッパ産、カナダ産、アメリカ産の大麦を使うケースもかなりあります。そうすると、それはあまり収穫の時期とは関係ないですから、いつでも仕込みができるかもしれない。しかし、スコットランドの場合には上面発酵酵母（伝統的なエールビールの醸造に使用される酵母で、発酵が進むにつれ液面に浮いてくる性質をもつ）を使い伝統的な蒸留方法をとっていますから、温度が上がり過ぎると発酵にも蒸留にも適さない。したがって夏の間仕込みをするところはほとんどありません。職人たちの休暇もありますから、結局夏の間はほとんどやらないですね。

【グレーンウイスキー】

Q．グレーンウイスキーはどんな製法で、いつ頃誕生したのですか。

グレーンウイスキーは連続式蒸留器を使います。この連続式蒸留器というのはポットスチル蒸留法とはまったく原理が違います。連続式蒸留法というのは極端な話をすればウォッシュ、もろみと蒸気さえあれば、内部を入れ替えることなく、連続して蒸留することが可能です。非常に効率がよくて、それから安上がり、さらにモルトウイスキーの蒸留のように職人の熟練の技をあまり必要としないので、その点でもコストが安くなる。もちろん、スタッフも少なくて済みます。

連続式蒸留器の原理が考えだされたのは一八二六年だといわれています。スコットランドのロバート・スタインという人が、蒸気によってウォッシュ、もろみの中のアルコール分を抽出する方法を発見しました。ただ、このとき彼が考えた連続式蒸留器というのは、実用にはやや遠かったようです。それに改良を加え実用にこぎつけたのが、一八三一年のイーニアス・コフィーという人の連続式蒸留器です。彼は自分の発明した連続式蒸留器にパテント（特許）を取りました。一四年間というパテントだったそうですけれども、そのために連続式蒸留器のことを英語でパテントスチルとか、それから発明者のコフィーの名前をとってコフィースチルとか、連続式というのはもともと英語ではコンティニュアスですから、コンティニュアススチルとか、いろいろな呼び方があります。

これにスコットランドの、特にローランド地方の蒸留業者が飛びつきました。実はイーニアス・コフィーという人はアイルランド人なんですが、アイルランドには伝統的なアイリッシュのやり方があって、彼らは連続式蒸留器なんてものには見向きもしませんでした。また、ハイランドの蒸留業者も、この連続式蒸留器には関心を示しませんでした。彼らは伝統的なモルトウイスキーづくりをやってきたので、新しい物に興味がなかったんですね。

Q．ローランドの蒸留業者が飛びついたのはなぜですか。

グレーンウイスキーの場合はまず資本力が必要となります。資本を投下するということはそれだけ売れないといけないわけだから、大きな人口をかかえる消費地に近いことが条件となります。それから、穀物を外国に頼りますから、当然のことで大きな港湾施設が必要です。

エジンバラとかグラスゴーがあるスコットランドの南の地方、ローランドというのは、イングランドという大国と国境を接している関係で、いち早くいろいろな資本が入ってきました。伝統も文化もかなりイングランド的に変わっています。連続式蒸留器というのは設備に巨額の資金が必要とされますから、資本もあり、巨大なマーケットをかかえているこの地域の蒸留業者が新しいウイスキーづくりの方法として連続式蒸留器に注目し、グレーンウイスキーの蒸留所を建設したんですね。モルトウイスキーでは、ハイランドの蒸留業者に対抗できない、という意識もあったと思います。

一八三〇年代を境にして、スコッチにはハイランドのモルトウイスキー業者と、ローランドのグレーンウイスキー業者という二つのウイスキーが並立する時代に突入します。

実は連続式蒸留器というのはグレーンウイスキーだけではなくて、ジンやウオッカを製造するときにも使われているんですね。だから、そういったスピリッツも生産しようということでローランドの業者が飛びついたわけです。最初は単独で売ろうと思っていたんでしょうけれども、あまりにも風味がなさ過ぎた。マイルドで飲みやすいということはいえるんですが、今度は逆に個性が乏しすぎて、一般消費者にはそれほど受けなかったんですね。

Q．グレーンウイスキーはどのようにしてつくられるのですか。

原料はもちろん穀物、グレーンというのは英語で穀物の意味ですから、穀物であればどんなものでも構いません。グレーンウイスキーの場合にはあえて大麦の麦芽を使う必要はありません。穀物の中で一番高いのは実は大麦の麦芽です。だからグレーンウイスキーの場合は、それ以外のものを使う。

当時、ちょうどヴィクトリア朝の中期ぐらいですが、イギリスでは穀物法が撤廃されました。自由に外国から穀物を輸入していいということになり、そのおかげで新大陸、あるいはヨーロッパからトウモロコシなどの安い穀物が大量にはいってくるようになりました。トウモロコシは大麦に比べてはるかに安い。それでトウモロコシを主原料としてグレーンウイスキーの蒸留が始まったわけですね。もちろんほかに小麦やライ麦等も使います。

しかし、トウモロコシというのはそのままの状態では発酵に使えません。グレーンウイスキーと言っても発酵まではモルトウイスキーと原理は一緒です。イースト菌が糖分を食べて発酵酒をつくらないといけない。トウモロコシもでん粉質ですから、糖分に変えておかないといけない。そのトウモロコシや、ほかの小麦でもライ麦でも構いませんが、そういった穀物のでん粉質を糖分に変える働きをするのは大麦麦芽しかないわけですね。そのためにグレーンウイスキーといえども一五%ぐらいの大麦の麦芽を加えます。大麦の麦芽の酵素によって残りの八五%のでん粉質を糖分に変えてしまうわけですね。

このときの大麦の麦芽というのはモルトウイスキーと違いますから、ピートは焚き込みません。ノンピーテッド・モルトです。まず原料をトウモロコシならトウモロコシ、小麦なら小麦、それらを大麦麦芽によって糖質に変え、そこにイースト菌を加えてウォッシュバックに移して発酵させます。これはモルトウイスキーの場合とほぼ同じです。ただし、サイズが全然違います。モルトウイスキーに比べたら一〇倍から二〇倍の巨大なウォッシュバックを使います。発酵液はモルトウイスキーよりもやや高めで、八%から九%というアルコール度数のウォッシュをつくって、それを今度は連続式蒸留器にかけて蒸留します。

蒸留後のアルコール度数は、モルトウイスキーの場合にはせいぜい七〇%どまりですね。ところが、連続式蒸留器というのは、やろうと思えば限りなく一〇〇%に近いアルコールを取り出すことが可能です。しかし、それをやってしまったらウイスキーの香味成分が失われてしまう。実はスコットランドの法律では、ウイスキーというのはアルコール度数九四・八%以下で蒸留しないといけないと決められています。ですから、グレーンウイスキーの蒸留所というのは全部で八カ所ありますが、ほとんどどこでも上限九四・八%で蒸留しています。限りなく純粋アルコールに近いんですけれども、もちろんウイスキーの香味成分も入っている。これがグレーンウイスキーといえども、スコッチらしい特色を持っている所以です。

当然のことで、九四%ぐらいで取り出した状態のものは、まだスピリッツです。それを薄めて、

2塔式の連続式蒸留器（ノースブリティッシュ）

この場合は六三・五％に落とすことはないようですが、七〇％ぐらいまで落としておいて、樽に詰めて熟成させます。このときに使う樽はすべてモルトウイスキーと同じオーク樽です。ただ、モルトウイスキーのように樽の影響を受けたくないですから、モルトウイスキーで何度も使った再々利用の樽を使って熟成させます。樽の質はあまり問わないんですね。グレーンウイスキーもそうやって三年以上たって初めてスコッチといえるわけです。

Q．連続式蒸留器の仕組みはどうなっているのですか。

グレーンウイスキーの蒸留所に行ってみればわかりますけれども、連続式蒸留器というのは基本的にはもろみ塔（アナライザー）、粗留塔ともいいますが、それと精留塔（レクティファイヤー）という二つの塔で成り立っています。今現在は多塔式といって、そのほかにも幾つかの塔を組み合わせたりしているんですが、原理は変わっていませんから、高さが十数メートルもあるような巨大な塔が立ち並んで、まるで化学工場のような印象を受けます。

仕組みはどうなっているかというと、まずもろみ塔の上部から熱したもろみを下に流し込んでやる。もろみ塔の内部というのは小さな穴が無数に開けられた水平トレイが何十段にもなって仕切られている。そこをもろみが上から下に落ちてくるわけですね。逆に下から蒸気を送り込んでやると、水平トレイの穴のところで蒸気がもろみに触れ、そこでストリップ現象（放散作用）が起こる。つまり蒸気によってもろみの中のアルコール分が取り出されるわけです。アルコールの抜けたもろみが次から次へと下に落ちていき、最後、もろみ塔の下から出てくるときには、アルコールは〇％になっています。もろみ塔で取り出されたアルコール蒸気は精留塔に送られ、そこで冷却されてスピリッツとして取り出されるわけです。

連続式蒸留器の内部。水平トレイにはこのような突起（穴）があり、それぞれで蒸留作用が起きる

【ブレンド】

Q．ブレンデッドウイスキーができたのはいつ頃ですか。

グレーンウイスキーの生産が開始されるようになって、これでようやくブレンデッドスコッチの原酒がそろったわけですね。ハイランドのモルトウイスキー業者とローランドのグレーンウイスキー業者が並立する時代が一八三〇年代に起きて、当初はライバル同士ということで競い合ってきました。圧倒的な量と安さではローランドのほうに軍配が上がるわけですけれども、ただし人気があるかというと、そうでもない。そこで、この二つが出てきた時代を受けて、いよいよ一八五〇年代ぐらいからスコッチに新しい時代がくるわけですね。

これがブレンデッドスコッチという新しいウイスキーの誕生です。

Q．最初にブレンデッドウイスキーをつくったのは誰ですか。

そもそもブレンドというのは何かといったら、違うもの同士を混ぜ合わせることですね。ブレンドというのはウイスキー以外にも当然あります。当時スコットランドのグラスゴーなどは紅茶の一大拠点でした。サー・トーマス・リプトンもグラスゴーの出身です。紅茶ではブレンド技術というのは当然古くから知られていたわけです。香水ももちろんブレンドをします。ブランデーやワインでもブレンドという技術はもともと知られていました。それをウイスキーに初めて応用したのが、エジンバラの酒商アンドリュー・アッシャーという人で、一八五〇年代のことです。ただし、当時はまだモルトとグレーンを混ぜていいという法律が制定されてないので、彼が最初に試みたのはモルトウイスキー同士を混ぜることでした。これは今の言葉でいうとブレンドではなく、ヴァッティングですね。ヴァッティングの技術をアンドリュー・アッシャーはいろいろ試して、磨いていたわけです。

彼が実際やっていたのは「グレンリベット」で、一八五三年、最初に売り出したのが「アッシャーズ・オールド・ヴァッテッド・グレンリベット」という酒でした。熟成年数の異なるさまざまなグレンリベットを混ぜ合わせたもので、現在の用語でいえばこれはブレンデッドとはいえないんですけれども、それでもこれがブレンデッドのはしりになりました。彼は来るべき時代を見ていたわけですね。

その七年後の一八六〇年に法律の改正が行われて、保税倉庫内においてモルトウイスキーとグレーンウイスキーを混ぜてよろしいということになりました。それを受けてすぐにアッシャーは、実験的にはずっとやってきたんでしょうけれども、初めてモルトウイスキーとグレーンウイスキーを混ぜて、いわゆるブレンデッドスコッチをつくり出しました。モルトウイスキーは非常に個性の強いウイスキーで、スコットランドの、特にハイランドの人以外にはなかなか飲みづらかったと思うんですが、ブレンデッドの誕生によって、誰もが飲めるやさしい酒になったわけです。

Q．ブレンデッドウイスキーの優れている点は何ですか。

ブレンデッドスコッチは、シングルモルト、シンググルグレーンと違って、複数の原酒同士を混ぜ合わせますから、大きな利点があります。それは何かといったら、品質が非常に安定するということです。何年も何十年も同じような品質のものをつくりだすことが可能だというのが、ブレンデッドの大きな利点です。シングルモルトやシングルグレーンでは、そうはいきません。ある年にものすごくいいのができても、次の年にはもしかしたらとんでもないのができるかもしれない。どうしてもバラつきが生じてしまいがちです。それを瓶詰めすると、年ごとに味が微妙に変わってしまいますが、ブレンデッドはそのリスクを最小限にすることができるわけです。

それからマイルドで飲みやすいということも重要ですね。モルトウイスキーに比べたら個性はありませんが、かといってグレーンウイスキーと違って風味の点では非常に優れている。誰もが飲めてしかもおいしい、また値段が安いということも大きなメリットです。それによって、世界中にスコッチが広まっていきました。

Q．ブレンデッドウイスキーの特徴を教えてください。

モルトウイスキーは個性を主張する酒ということでラウドスピリッツともいいます。それに対してグレーンウイスキーというのはどちらかというと女性的で、飲みやすいウイスキーですが個性が乏しいので、サイレントスピリッツといいます。この二つを混ぜ合わせるブレンデッドは、例えて言うならばオーケストラのようなもの。つまり、モルトやグレーンというのはオーケストラを構成するいろいろな楽器だと考えればわかりやすい。

オーケストラの中には当然弦楽器があり管楽器があり、打楽器がある。そうすると、例えばスペイサイドのモルトなんかはヴァイオリンのような弦楽器にあたるかもしれない。個性の強いアイラモルトは打楽器、あるいはトランペットのような管楽器かもしれない。そしてグレーンウイスキーはヴィオラやチェロのような……。

グレーンもモルトもそれぞれ単独の楽器として演奏することも可能ですが、オーケストラとして見た場合にはまったく別のものができ上がるということですね。ブレンデッドは、ソロ演奏に対して、交響曲のようなものと考えればいいと思います。どちらを楽しむかは、その時の気分次第というわけです。ソロの場合には指揮者はいりませんが、オーケストラを演奏するためには指揮者が必要ですね。指揮者がいないとオーケストラはばらばらで動かない。この指揮者にあたるのがブレンデッドスコッチのブレンダーといわれる人たちで、ブレンダーがいなかったらブレンデッドウイスキーはつくれません。

あるいは建築に例えてみるのもいいかもしれません。グレーンウイスキーは家をつくる際の土台、基礎工事です。どんな立派な家も基礎がしっかりしていなければ崩れてしまいます。グレーンで土台固めをして、その上にモルトを使って家をつくり上げる。柱や壁、屋根にあたるものが、モルトウイスキーです。家を建てる場合には設計者が必要なように、ブレンデッドウイスキーという家をつくるためには、ブレンダーという設計士が絶対に必要となります。

Q．ブレンダーとはどういう人のことですか。ブレンダーの仕事を教えてください。

ブレンデッドスコッチというのはそれぞれの企業、それぞれのブランドによって、どの原酒をどのぐらいの比率で混ぜるかというのはすべて異なっています。これは料理のレシピ、薬の調合みたいなものだと考えればわかりやすい。オーケストラの曲がそれぞれ作曲者によって違うように、すべてそのレシピは違います。これは各メーカーとも全部企業秘密です、一部の銘柄のキーモルト以外は。創業当時、あるいはそのブランドが誕生したときから、「ジョニーウォーカー」ならジョニーウォーカーで、どの原酒をどのぐらい使うかというレシピは存在しているわけです。

ところが、誕生してもう一〇〇年以上たっていますから、その中には当然閉鎖されてしまった蒸留所もあるわけですね。したがって時代時代に合わせて、実は微妙に味が変化してきています。その変化に合わせて、あるいは手に入る原酒に合わせてブレンダーは、現在の味をつくり出さないといけない。もちろんオリジナルのレシピに沿ってやるわけですが、そのためにはすべての蒸留所のすべての樽の個性を知ってないといけません。レシピどおりに調合したとしても、一〇〇年前の「ジョニーウォーカー」とまったく同じものがつくれるかというと、そうじゃない。それぞれの原酒の風味が微妙に変わってきていますからね。

ブレンダーの仕事というのは、日々大体三〇〇とか四〇〇の原酒をチェックすることです。サンプルを採って、それを日々ノージング、彼らは絶対飲みませんが、香りをかいだだけで、それがどこの蒸留所のどういうウイスキーで、自分の必要としているブレンドに熟成がまだ達してないとか、達しているとか、そういうことを判断しないといけない。何千、何万という膨大な樽の中から、自分が必要とする樽を選び出し、そこからブレンドをつくり出すわけですね。

Q．マスターブレンダーとは何ですか。誰でもマスターブレンダーになれますか。

ブレンダーは各企業にせいぜい数人程度。その中でマスターブレンダーといわれる人がすべて、その企業のブランドの全責任を負っています。マスターブレンダーの仕事は、これは一生の仕事で、一代ではでき上がらないというふうにいわれています。各企業の、世界的に有名なブランドのマスターブレンダーという人は、何代にもわたってスコッチ業界に携わってきた、その家系の中でしか生まれ得ないわけですね。というのは、香りの判断というのは訓練だけでできるものではありません。彼らはよく、「血である」といいます。

「食は三代」などといいますが、結局、いかに小さいときからそういう環境にあって、香りというものにいつも感覚をとぎすませられるかということですね。企業の社長は誰でもなれますが、マスターブレンダーは誰もがなれるわけではない。二十代あるいは十代でブレンダーとして入って、マスターブレンダーになるのに何十年もかかって、定年退職するまでマスターブレンダーをやる。いわば師から弟子へと、マスターブレンダーから次のマスターブレンダーへと、長い年月をかけて受け継いでゆくわけです。

Q．ブレンダーは香りをかいだだけで判断するといいますが、どれくらいの香りをかぎ分けるのですか。

人間の五感の中で嗅覚が一番優れているといいますね。ブレンダーの嗅覚は、これはもうすごいとしかいいようがありません。「バランタイン」のマスターブレンダー、ロバート・ヒックス氏は四〇〇〇種の香りをかぎ分けるといいますし、「ホワイト&マッカイ」のマスターブレンダー、リチャード・パターソン氏は「もしチャンスがあれば、人類五〇億のそれぞれ固有の匂いを識別してみせる」と、かつて語っていました。彼は二六歳という若さで「ホワイト&マッカイ」のマスターブレンダーに抜擢された男で、代々続くブレンダーの家系だそうです。このほかにも、ブレンダーにまつわる「伝説」はたくさんありますね。

ホワイト&マッカイのマスターブレンダー、リチャード・パターソン氏

Q．モルトウイスキーとグレーンウイスキーの割合はどれくらいですか。究極の比率というのはあるのですか。

これも各銘柄によって非常にまちまちです。一般論として言えばグレーンウイスキーのほうがはるかに安いですから、グレーンウイスキーの比率を高めれば、それだけ安いブレンデッドができるということです。しかし、そうすると味もそこそこのものになってしまうので、一応の目安みたいなものはあります。

モルトとグレーンの比率でモルトが六五%に対してグレーンが三五%というのが、「クラシックブレンド」だといわれています。とはいうものの、目指す顧客層だとか、価格だとか、いろんな要素があるので、どれが究極の比率などということはないですね。一番重要なのはバランスと、いかに質の良い原酒をそろえるかということでしょう。モルトの比率を上げれば、おいしいブレンデッドスコッチができるかというとそうとは限らないし、逆にグレーンウイスキーが七割入っていたって、おいしいブレンデッドができないわけじゃない。モルトの比率を上げればよいのだったら、モルトだけを混ぜたヴァッテッドのほうがいいかもしれない。結局、いろいろな要素を考え合わせ、ブレンダーが何をイメージしてつくるかということで決まってくるのですね。

原酒の中にはどうしても混ざり合わない相性の悪いものもあります。ですからモルトとグレーンの比率よりも、個々の原酒の特性を見極め、それぞれの原酒の長所をいかに引き出すかということのほうが重要です。そしてそれはブレンダーの腕にかかっています。ブレンデッドのおもしろいところは一足す一が二になるのではなく、三にも四にも化けるということですね。もちろん、その逆もあるわけで、要はそのバランスを見極めるということにつきると思います。

【瓶詰め】

Q．マリッジとは何ですか。

スコッチをブレンドする際に、最初からモルトとグレーンの樽を全部一緒にしてしまうのではなくて、モルトはモルト同士で最初にヴァッティングしてなじませ、グレーンもヴァッティングしておいて、ブレンドの直前で二つを大きな容器で混ぜます。この時に空気を送り込んで攪拌をします。さらに今度は、よりブレンドを完全にするために、もう一度樽に戻すという方法をとることがあります。これがマリッジ（後熟）という方法です。モルトとグレーンの結婚、ということで「マリッジ」なんですね。

この場合の樽はウイスキー樽です。この段階では樽から影響を受けたくないですから、プレーンなウイスキー樽でいいんですね。通常は長くても数カ月。中にはマリッジに一年、二年とかけるようなところもあります。後熟をさせて、すべてがなじんだところで今度はボトリングに回すわけですね。マリッジのとき、樽詰めに水は加えません。水を加えるのはマリッジの後、瓶詰めの最終段階です。

Q．ダブルマリッジとは何ですか。

ダブルマリッジというのは、二回後熟をさせるということです。モルト同士をまず混ぜた段階で樽に戻して後熟をし、グレーン同士も後熟をし、二つを混ぜたところでもう一度樽に戻す。より完璧なものをつくりたいとの願いから生まれたのが、このダブルマリッジです。個性の違うものを混ぜるわけですからより完璧なものをつくりたいと思ったら、それだけ時間も手間もかかるということです。

極端な例でいうと、「キングスランサム」というブレンデッドスコッチがあって、これはホワイトリーという人がつくったブランドなんですけれども、マリッジを完璧なものにするために、なんと樽に詰めて世界一周航路の船に積み込みました。船の揺れ、ローリングが後熟をより完璧なものにするというのが、その理由です。さすがに今はやっていませんけれども、そういうことまでしたぐらいに、マリッジというのはスコッチにとって重要な要素なんですね。普通は別に揺らしたりせずに、熟成庫に置きます。ただし、この場合の熟成庫というのは原酒の熟成庫と違って、横積みではなく縦積みでやります。樽を横に寝かせるのではなくて縦に置く。そのほうがスペースを取りませんから、大量の樽を保管することができます。

Q. 瓶詰めの際に加える水は、仕込み水なのですか。

熟成が終わったウイスキーというのは、グレーンもモルトも、それからブレンデッドもそうですけれども、まだまだアルコール度数が高すぎます。一〇年熟成で大体五八％ぐらいありますから、これをこのまま詰めたら、飲みにくいということで、通常は四〇％から四三％に落とします。その時に水が加えられるわけですね。

ブレンデッドの場合、この水は仕込み水ではありません。というのは、仕込み水は各蒸留所ごとに個性があり、これは仕込みの段階では重要ですけれども、ブレンドが完了して製品となった状態で新たに水の個性を加えたくないわけですね。水の個性を加えてしまったら、また別のものになりますから。そのためにブレンデッドの場合には、ほぼ例外なくすべて蒸留水あるいは純水を使います。

シングルモルトの場合には二通りあります。マッカランのように仕込み水で度数を落としてボトリング工場に持っていくものと、そのまま出荷してボトリング工場で蒸留水を加えるものです。

一般的には後者、蒸留水あるいは純水を加えるほうが多いですね。もうその段階では別の風味を加えたくないということです。特に、アイラ島のようにピーティウォーターで仕込んでいるウイスキーは、ほとんど例外なく仕込み水は加えません。新たに色をつけることになってしまいますからね。

Q．チルドフィルターとは何ですか。

瓶詰めのときにもう一つ重要なのは、低温濾過を施すということです。ウイスキーというのは、樽出しの状態ですと、中にいろんな副次成分が含まれているので、温度が下がったりすると、白く濁ったりする場合があるんですね。これはウイスキーの香味成分の一部なんですが、一般消費者にとってはなかなか理解されにくい。そのためにクレームがつけられる可能性がある。それもウイスキーのフレーバーだといってしまえばそのとおりで、逆にそれを取り除くのはウイスキーのフレーバーの一部を取り除くことにもなります。しかし、世界のあらゆる国で売られるということになると、いろいろな気候条件を考えないといけません。ですからブレンデッドスコッチの場合は、ほぼ例外なくチルドフィルターをかけて低温濾過処理を施すわけですね。

低温濾過というのは、〇度ぐらいに一度ウイスキーを冷却して、白く凝固したものをフィルターで取り除く作業のことです。その上で出荷をすれば、温度が下がっても白く濁ることはありません。シングルモルトの場合も、オフィシャルのものは二、三の例外を除いてすべて低温濾過処理をやっています。

ただボトラーズ（独立瓶詰業者）のものには、やっていないものが多いですね。これは前にも述べましたが、樽出しの状態で消費者に飲んでもらおうという願望があるからです。

Q. ガラス製のボトルが登場したのはいつ頃ですか。それからスクリューキャップは。

もともと瓶詰めというのは、それほど古い話ではありません。かつてスコッチウイスキーは、酒屋の店頭で量り売りをされていた時代がありました。銅製や陶製の容器を持ち込んで、それに詰めてもらった時代です。ですから、今でもその時代を偲んでというか、陶器でつくられたウイスキージャグみたいなものに入れて売られているウイスキーもあります。ガラスの瓶が登場したのは一八世紀くらいで、主流になったのは一九世紀の後半くらいからといわれています。これだと中身がよく見えるのと、それから何といっても便利だということで、ガラス製品が大量にしかも安くつくられるようになった一九世紀後半から、あっという間に主流になりました。

初期のウイスキーのボトルキャップというのは、ワインと同じようなコルクキャップでした。封を開けるときには、コルクスクリューがないと開栓できなかったわけですね。ところが、ワインのように一回で飲みきってしまうものはいいんですが、スコッチの場合はそうはいきません。残ったウイスキーをまた保存するときに、コルクキャップでは不便でしょうがない。そのために、これにとってかわるものとしていろいろなものが考案されました。最初に登場したのがコルクキャップの上に木製の頭部をつけたもので、これによって開閉が容易になりました。

考案したのは「ティーチャーズ」で知られるウィリアム・ティーチャー社で、一九一三年に発表されました。『コルクスクリューは不要です』という、当時の宣伝コピーは一世を風靡したものです。次に登場したのがスクリューキャップで、こちらは一九二六年の発明、それをやったのがホワイトホース社です。この二つの新しいキャップの発明により、スコッチは飛躍的に売上を伸ばしたといわれています。現在でもスコッチのボトルキャップというと、この二つが主流になっていますね。

第三部　蒸留所へ行こう

1　スコッチの地域と風味

Q．スコットランドには今、いくつぐらいの蒸留所がありますか。

スコットランドには現在、一一〇ぐらいのモルトウイスキー蒸留所があります。ただし、その中にはもう既に建物が取り壊されているとか、あるいは建物はあるけれども、中の機具がなくて、今後ウイスキーの生産が行われないという蒸留所も含めています。なぜかといったら、ウイスキーというのは、ストックがあるうちはそれを数えないといけない。現在なくなってしまった蒸留所でも、ストックがあるうちは一つの蒸留所として数えているわけですね。

もう既にストックのなくなったもの、あっても市場に出回る可能性がないものはそこから外しています。そのストックというのは、もちろんブレンドされたり、今でもシングルモルトとして出荷されたりしているわけですね。建物が存在しない蒸留所のストックがどこにあるかといったら、ブレンダーの熟成庫とか、あるいは独立瓶詰業者の熟成庫とかです。そういうものは、今後も市場に出てくる可能性があります。

一方グレーンのほうは現在八蒸留所です。モルトに比べれば圧倒的に数が少ないですね。

Q．いったん閉鎖された蒸留所でも、再稼働する可能性はあるのですか。

もちろんあります。だから一一〇ぐらいと曖昧に言っているのは、スコッチの場合には閉鎖になったりとか、再開されたりとか、非常に変動が激しいので、現時点の正確な数がわからないからなんです。大まかに言うと、現時点で稼働しているのは八〇から九〇ぐらい。残りの二〇から三〇ぐらいは、建物も中の設備もある、しかしここ数年は操業をやめているという蒸留所です。これは取り壊された蒸留所とは違います。そういう休眠中の蒸留所のことをモスボール、あるいはサイレントといいます。

モスボールというのは、もともと防虫剤のことで、いつでも再開はできるんだけれども、今は操業をしていない蒸留所のことをいいます。もちろん熟成庫にはストックがいっぱいあります。休眠しているというのは生産し過ぎたことが原因の一つ。生産調整のために、スコッチの蒸留所というのは、ずっと操業を続けていても、何年か操業をやめるということをやるわけですね。それからオーナーが変わって、操業を再開したという蒸留所もたくさんあります。

Q．スコットランドの蒸留所の地域の分け方について教えてください。

ハイランド、ローランド、スペイサイドという言い方を今までしてきましたけれども、スコッチにもワインと同じような生産地区分けというのがあります。伝統的にハイランドとローランドとではタイプが異なるウイスキーをつくってきました。

ハイランド、ローランドの境界線はどこかと言ったら、スコットランドの東にダンディーという港町がありますが、このダンディーと、それから西はグラスゴーの西側のグリーノック、この二つを結んだ線の北側をハイランドといって、南側をローランドといいます。地図上の想定線です。ローランドはグラスゴーやエジンバラといった大都市が集まっているところで、ハイランドというのは、アバディーンとか、パースとかインヴァネスといった都市もありますが、どちらかというと人口のまばらな、高地地方ですね。

まず、歴史的にハイランドとローランドという地域が明確に分かれていました。しかしスコッチの生産地区はそれだけではなく、ハイランド、ローランド以外にキャンベルタウンというのがあります。これは、アーガイル地方にキンタイア半島という、スコットランドの西側に大きく突き出した半島があって、この細長い半島の先端にキャンベルタウンという町があります。この町でつくられているモルトウイスキーのことをキャンベルタウンモルトといってきました。

キャンベルタウンには、かつて三〇近い蒸留所が狭い町の中にひしめき合っていて、ほかの地域とは異なるモルトウイスキーをつくり続けてきました。ですから、ハイランド、ローランドのほかに、このキャンベルタウンという区分がありました。さらに、そのキンタイア半島の西側に、アイラという島があって、このアイラ島もハイランド、ローランド、キャンベルタウンとはまた別の、個性の非常に強いウイスキーをつくり続けてきました。したがってここもアイラモルトとして分けてきたわけです。スコッチの生産地区分というのは、伝統的にはハイランド、ローランド、キャンベルタウン、アイラの四つということになります。

ところが、この分け方というのが、現状には合わなくなってきました。というのは、一つはキャンベルタウンは蒸留所の閉鎖が相次いで、今現在、ここにはたった二つの蒸留所しかありません。そのうちの一つであるグレンスコシアはここ一〇年くらいほとんど操業していません。そうすると、操業しているのは、スプリングバンクだけということになります。ですから、もうキャンベルタウンという区分はナンセンスだ、やめてしまおうという意見の人もいるわけです。しかし、キャンベルタウンというかつての名声が消えてしまうのは惜しいので、今でも大部分の人はキャンベルタウンモルトとして、古い分け方を残しています。たった一カ所になってもですね。

さらにハイランドは広いし、蒸留所がいっぱいあります。その中でも、特にスペイ川という川の流域に半分以上の蒸留所が集中しています。ですから、ここはハイランドの中でも分けて考えたほうがいいんじゃないかということで、現在は、そこをスペイサイドというふうに分けて考えるようになりました。

同じように、ハイランドの中に、島々のモルトがあるのは不便ではないかと。あくまでもハイランドは本土に限ってしまおうということで、島々でつくられているモルトを島のモルト、アイランズモルトとして分けようという考え方も出てきました。今ではこちらのほうが一般的ですね。これはどのぐらいあるかといったら、北のオークニー島に二つ、それからスカイ島に一つ、マル島に一つ、ジュラ島に一つ、そして新しいアラン島に一つということで、現在、六つの蒸留所のモルトをアイランズモルト、諸島モルトとしています。

アイラモルトも島のウイスキーではありますが、アイラはアイラだけの特色があるので、現在は、最大六つに分けて考えようと。ただし将来的にはハイランドも、北ハイランドと東ハイランド、南ハイランド、西ハイランドともう少し細かく分類する方向に行くかもしれませんね。

Q. 地域ごとの風味の特徴を教えてください。

まずスペイサイドですが、ここには五〇近い蒸留所が集まっていて、エレガントでフローラルなモルトウイスキーをつくっています。ブレンデッドスコッチの原酒の中で一番多いのが、スペ

(上左)スペイサイドの中心を流れるスペイ川 (上右)マル島のトバモリー漁港
(下左)ハイランドの西にあるエイリーン・ドナン城 (下右)オーヘントッシャン蒸留所

イサイドモルトでしょうね。もちろんひとくちにスペイサイドといっても多種多様で、いろいろな個性がありますが、華のある、飲みやすいモルトだということは共通しています。

アイラモルトの特色は、スモーキーで、ヘビーで、すべて海の香りを閉じ込めているということでしょうか。もちろん細かく見ていくと、アイラ島の中でも、「ブナハーブン」とか、「ブルイックラディ」のように、全然スモーキーじゃないモルトもありますが、そうはいっても、やはりフレッシュさというか、海を感じさせる風味に仕上がっている。これは他の地域のモルトにはない、アイラモルトだけの特徴です。

ローランドは、穏やかな気候風土の影響でか、ライトタイプのウイスキーが多いですね。ハイランドやスペイサイドに比べてはるかにライトで、麦芽の香る、やや辛口の風味が特徴です。中には「ローズバンク」や「オーヘントッシャン」のように、三回蒸留を行っている蒸留所もあります。こういうものはハイランドにはありません。ローランドモルトの伝統だというふうにいわれていますが、おそらくはアイリッシュウイスキーの影響を受けたんじゃないかと思います。グラスゴー周辺にはアイルランドからの移民がたくさんいますし、オーヘントッシャンの創業者はアイルランド人だったといいますから。

ハイランドは非常に広い地域なので、これがハイランドモルトの特色だといえるものは実はないですね。ただ、北ハイランドの「プルトニー」とか、「クライヌリッシュ」とかはかなりヘビーで、ちょっとアイラモルトに似た風味を持っています。それに対して南ハイランドの「グレンゴイン」とか「ディーンストン」などはライトでマイルド、ローランドモルト以上にソフトで飲みやすいかもしれない。ですから、これがハイランドの特徴だ、みたいなことは言いづらいところがあります。それぞれに個性を主張していて、多士済々といったところでしょうか。

（上）アイラ島にあるケルト十字（下）オークニー島のストーンサークル

諸島モルトもばらばらで、これがアイランズの特色です、というものがない。風味による分け方というより、島でつくられているウイスキーというくくり方です。例えばオークニー島の「ハイランドパーク」と「スキャパ」が共通しているかというと、全然共通していない。ジュラ島の場合、アイラ島と地理的に最も近いのはこのジュラ島ですが、ここでつくられている「アイル・オブ・ジュラ」というモルトウイスキーは、全く島の性格を感じさせない。どちらかというとハイランドタイプ。それからアラン島の「アイル・オブ・アラン」もそうですね。スカイ島の「タリスカー」とマル島のトバモリー蒸留所の「レダイグ」は、これは島のモルトの特徴がよく出ています。ピーティでスパイシーで、パンチが効いています。

キャンベルタウンモルトは、現在は二つしかありませんが、その特色は海というか、港町の影響をストレートに受けているという気がします。これは他の地域のモルトにはない特徴ですが、麦芽風味の中に塩辛さを含んでいる。英語では『ブリニー』といいますが、甘さの中に、特に後口にこの塩辛さが残ります。非常に個性的なモルトで「スプリングバンク」にもっともよくそれが現れています。

それからスプリングバンク蒸留所でつくっている「ロングロウ」、これはヘビーでオイリーな、非常に特殊な酒ですね。かつてのキャンベルタウンモルトの特徴を、ある意味でもっともよく受け継いでいるモルトじゃないかと思います。「ロングロウ」を飲むと、在りし日のキャンベルタウンの栄光が目に浮かぶような気がしますね。

Q. キャンベルタウンが衰退してしまったのはなぜですか。

キャンベルタウンは、ここから直接、新大陸に輸出ができたということで、アメリカではかつて非常に人気があった銘柄です。アーガイル地方はもともと、アーガイル公爵のキャンベルクランの出身地で、キャンベル家の子孫というのは新大陸にたくさんいます。そういったスコットランドから渡った移民たちの間で、自分たちの出身地であるアーガイル地方のキャンベルタウンモルトが好まれたというのも、理由の一つだと思います。

そのために、一九〇〇年代から二〇年代ぐらいにかけて、三〇近い蒸留所が狭い町の中にひしめき合っていました。キャンベルタウンモルトが衰退した原因の一つは、アメリカの禁酒法です。禁酒法時代は一九二〇年に始まり一九三三年まで続きましたが、実はこの間アメリカでは、それ以前に比べてウイスキーの消費量が増えたといいます。人間、禁止されると余計飲みたくなるものです。この時代、キャンベルタウンは粗悪なウイスキーをつくって、それをアメリカで大量に売りました。どうせ密輸ですから、どんな粗悪なものでも売れたわけです。まさにアンタッチャブルの世界、アル・カポネが活躍した時代です。

キャンベルタウンの町

　これはアイルランド人が今でも悔しがって言うんですけれども、アメリカの禁酒法以前にはアイリッシュウイスキーもアメリカではすごく人気がありました。ところが、アイリッシュは、この時期に密輸をほとんどしていない。アイルランド独立戦争が起こって、それどころではなかったという理由もあります。そのため、中にはキャンベルタウンあたりのウイスキーに、人気のあったアイリッシュのレッテルを貼って売ったのも相当あります。そうすると、禁酒法時代の一三年間に、アメリカ人はいやというほど高くて粗悪なウイスキーを飲まされたわけですね。

うそかほんとかわからないですが、禁酒法が解けた一九三三年以降、アメリカ人たちは、二度と粗悪なウイスキーを飲まなくなったといいます。その代表として槍玉に挙げられたのが、キャンベルタウンモルトと、それからもう一つは、アイリッシュのラベルの貼られた偽アイリッシュウイスキーでした。ですから、キャンベルタウンモルトもアイリッシュも、アメリカの禁酒法が解けたら、逆にみんながそっぽを向いてしまって、衰退の一途をたどったということですね。

それともう一つは、海上から陸上、さらに空路へと交通手段が変わってしまって、かつてのようにキャンベルタウンは新大陸に一番近いという利点がなくなってしまったことです。原料調達も今では逆に、輸送のメリットではなくて、デメリットになってしまいました。海上の便を除けば、キャンベルタウンはまるで陸の孤島のようなところです。それと仕込み水がもともと不足していますし、さらにピートも石炭も、すでにキンタイア半島周辺では掘り尽くされてしまったということも大きいですね。そのこともキャンベルタウンの衰退に拍車をかけました。

Q. スペイサイドがスコッチづくりの一大メッカになったのはなぜですか。

スペイサイドが、一大生産地といわれるようになったというよりも、ほかのところが衰退してしまって、スペイサイドだけが残ったといったほうが正しいかもしれません。もちろん、アイラ島だけは変わりませんが。

スペイサイドは、自然環境に非常に恵まれ、ふんだんに水が使えたということ。それからグランピアン山脈という山地があって、この山の冷涼な気候が熟成に適していたこと。今でもウイスキーづくりの環境としては理想的なところです。それからローランド地方と遠く離れているため、近代化の嵐がこの地まで及ばなかった、ということも考えられますね。近代化しなかったために、伝統的なウイスキーづくりがよく残った。それともう一つ、あそこが大麦の一大産地だったことも大きいですね。マレーシャー、バンフシャーという州にまたがっていますけれども、マレーシャーは昔からスコットランドで一番気候が温暖で、良質の大麦がとれるところとして知られていました。

良質な大麦と、豊富な水、山の美しい自然があること。それからスペイサイドがかつて密造のメッカだったことも重要です。伝統文化に対する誇りと、反骨精神がなかったら、スペイサイドの今日の隆盛はなかったと思います。

2　蒸留所へ行こう

Q．実際に蒸留所へ行って見学することはできますか。

もちろんできます。特にスコッチの場合は、蒸留所に行って、実際に自分の目で見ることが大切です。すべての蒸留所が観光客、あるいは見学客を受け入れているということではないんですが、今、四〇近い蒸留所が一般の観光客を受け入れています。巻末にそのリストを掲げておきましたので、蒸留所によってどういう違いがあるのか、自分の目でぜひ確かめてください。それから蒸留所というのは、風景の美しい、環境のいいところにありますから、行くだけでも気持ちがリフレッシュしますし、合わせて名所旧跡も見て回れば楽しい旅になると思います。

Q．見学の際は事前に予約が必要ですか。

例えばグレンフィディックとかグレンタレット、グレンリベット、エドラダワーなどはたくさんの観光客を受け入れていますから、事前の予約をしなくても大丈夫です。エドラダワーを例にとると、ピーク時には二〇分おきに蒸留所ツアーがあります。ディスティラリーツアーといって、専属のスタッフがちゃんとすべての工程を案内してくれて、説明してくれます。

ただし、それは個人の場合であって、団体で行く場合には、事前に予約をとったほうがいいですね。他は蒸留所に電話するか、ツーリストインフォメーションでツアーの時間をチェックすればいいと思います。多いところで日に数回、少ないところでは一日一回というところもあります。それから定期的なディスティラリーツアーをやっていないところもあります。こういうところは、事前に一人でも二人でも、単独でもいいですから予約を入れると、「じゃ、何時何分に来てください」というふうに言われますから、それに合わせて行けばいい。人数が集まったらやる、というようなところもあります。

Q．季節はいつぐらいに行くのがベストですか。

スコットランドの観光シーズンは、大体四月ぐらいに始まって、十月ぐらいで終わります。イースター明けからサマータイムの終わる十月いっぱいまでです。ですから、その時期に行くのが一番いいと、一般的には言えるんですけれども、蒸留所の場合には、夏の間は操業してないところがほとんどです。そうすると、見学はできても、操業はしていないということになります。実際に職人さんたちが働いている光景は見られません。初めて行く方にはあまり関係ないかもしれませんが、もっと深く突っ込んでいろいろなことを知りたいと思ったら、実際の現場に立ち会うほうがいいですね。ですから、六月下旬から九月中旬までの休業期間を除いた、残りの月がベストということになります。

Q．蒸留所見学ではどんなところが見られますか。所要時間はどれぐらいですか。

一番大きなグレンフィディックを例にとりますと、最初にまずレセプションホールみたいなところがあって、そこに行くと、パネルとかいろいろなものを使って、簡単な展示がしてあります。

そこにはパンフレットなども置かれていて、グレンフィディックの場合、日本語のパンフレットもあります。ツアーはほぼ三〇分か一時間おきに何時から、というふうに決められていますから、それを見ながら時間をつぶしていると、係の人が来て、その場にいる二〇人なら二〇人をまとめて案内してくれます。

グレンフィディックのすごいところは、英語だけではなくフランス語、イタリア語、スペイン語、ドイツ語などを話すスタッフがいることです。かつては夏の間だけでしたが、日本人の案内係もいました。それでグループ分けをされて最初に簡単なビデオで、スコットランドの風土、それから歴史、蒸留所のあらまし、スコッチウイスキーのつくり方というものを見せてくれます。これを最初に見ると、全体のことがよくわかりますね。もちろん、日本語の音声もあります。それを見てからいよいよ見学です。

蒸留所ツアー（グレンファークラス）

見学は、ウイスキーづくりの順番にしたがって行われます。一番目にフロアモルティングをやっているところであれば、モルトバーンといいますけれども、そこに行って麦芽づくりの様子を見学します。それから、その場合にはキルンでピートを焚きますから、ピートを実際に見ることもできます。さらに今度は、麦芽を粉砕する機械、モルトミルを見せてもらって、次にマッシュタン。マッシュタンの中にグリストとお湯が投入されて、麦汁を取り出す作業を見学します。麦の香ばしい香りと、甘い香りがプーンと漂ってきます。

その次に、今度は発酵槽ですね。このあたりが蒸留所見学の一つのハイライト。ウォッシュバックの中で、実際に発酵がどのように行われているかを見ることができます。発酵がピークのときには、泡が盛んに湧き立ち、泡切り用の装置が回っている様子がよくわかります。発酵棟に入ったとたんに、麦芽の香りとか、アルコールの香りがしてくるので、お酒に弱い人はちょっと苦手かもしれませんね。

発酵の様子を見学したら、次は蒸留棟です。ここで、初めてポットスチルの実物を見ることができます。これは、飾りでも何でもなくて、実際に使っているポットスチルですから、初留釜、再留釜がどういうふうになっているのか、スピリッツセーフはどうなっているのか、実際に操業していれば、スピリッツセーフのところには職人がいますので、職人がどういうふうにしてミドルカットしているのかを見ることができます。

さらに、それが終わりますと、今度はフィリングステーション、樽詰めをするところに行って、樽詰めの様子を見て、そして最後に熟成庫に行きます。熟成庫で樽がどのように置かれているかを見るわけですね。グレンフィディックの場合にはボトリングの設備を持っている数少ない蒸留所の一つですから、ボトリングがどのように行われるかも見学できます。そして一通り見学し終わったら、受付ホールとはまた別のホールがあって、そこに行って、今見たグレンフィディックの製品を無料で試飲させてもらえるわけですね。

蒸留所には、そのほかに売店もありますし、中にはレストランやカフェといった設備を持っているところもあって、もちろんそれは別料金ですけど、ゆっくりとくつろぐこともできます。所要時間は大体一時間くらいと考えればいいでしょう。

Q・見学する際に料金はかかりますか。

かつてはほとんどのところが無料で見学できたんですが、最近では、初めに二ポンドとか三ポンドとか、見学料金をとられるところもあります。その場合はしかし、最後に売店に行きますので、売店で例えばそこの蒸留所のウイスキーを一本買ったら、その分はちゃんと引かれるとか、お土産を買うと最初に払った入場料が相殺されるというシステムになっています。スコットランドの蒸留所の中で、観光客が一番多く訪れるのはグレンタレット蒸留所ですが、その数は年間約二〇万人といいますから、今では大きなビジネスなんですね。スコッチは観光資源としても、近年は注目を集めています。

Q・蒸留所を見学するときのポイント、あるいは注意点があったら教えてください。

あらかじめ製造方法を勉強しておくことが大切です。説明はほとんど英語ですから、ある程度工程がわかっていないと、ちんぷんかんぷんということになります。

それよりも、注意しなくてはいけないことがいくつかあります。第一に蒸留所というのは博物館ではないということ。あくまでも実際につくっている現場です。そうすると、作業の邪魔にならないように、絶えず気をつけないといけません。私語を慎しみ、決められたルートから外れないということも大切です。それからむやみやたらと装置などに触らない。装置に触れるというのは、かなり危険をともないます。

さらに撮影は基本的にはOKなんですが、中には、撮影禁止というところもあります。撮影をOKしていても、蒸留棟の場合には、基本的にはフラッシュをたいてはいけません。アルコールを蒸留しているわけですから、火災の危険性があるということです。

それから女性の場合には、ハイヒールで行くことはやめたほうが無難です。発酵棟でも蒸留棟でも、床は通気性をよくするために、メッシュの床になっていることが多く、そこにハイヒールのかかとを取られてしまいます。大変危険だということですね。

Q．日本語のガイドはありますか。

先ほどもお話ししましたが、グレンフィディックには日本語のガイドもいました。しかし、夏場だけですし、他の蒸留所では日本語のガイドは残念ながらいません。ただストラスアイラ、グレンリベット、グレングラントのように日本語のガイドブックを用意しているところや、オーディオ・ヴィジュアルで日本語音声サービスをやっているところはあります。でも基本的にすべて英語です。ですから英語がある程度理解できないと、何を言っているのかわからないということにもなりかねないですね。

Q．グレーンウイスキーの蒸留所の見学はできますか。

それはまず不可能ですね。グレーンウイスキーの蒸留所で一般の見学を受け入れているところは、今のところありません。グレーンウイスキーの蒸留所は、非常に高い濃度のアルコールを蒸留していますので、一般の見学には不向きです。危険が伴うということもありますが、巨大な工場なので面白さという点でも、あまり一般受けはしません。だいたい、どこを見ても一緒ですしね。

Q．どこの蒸留所にも売店はありますか。

すべての蒸留所にあるわけではありません。見学を受け付けているところでも、売店のないところもあります。売店のあるところでは、その蒸留所でしか売っていない蒸留所グッズが買えます。蒸留所のロゴ入りのグラスに始まって、デカンターからカップ、ヒップフラスク、それから、もちろんウイスキーですね。ミニチュアも揃っています。さらに、蒸留所のロゴ入りのバーマットとか、それからTシャツ、ポロシャツ、トレーナー、セーター、傘、帽子、マフラー、ネクタイ、ジャンパー、ピンバッジなど、ありとあらゆるものが揃っています。特にグレンフィディックとか、グレンタレットはすばらしいお土産がいっぱい揃っていますね。それらは、その蒸留所の売店でしか買えないものですから、そこでお土産を買うというのは、大変楽しいことだと思います。もちろん、そういうところでは売店だけを訪れることも可能です。

Q．スコットランドの交通手段はどんなものがありますか。

スコットランドの場合は、公共交通機関というのは、あまりあてにはできません。鉄道で行けるところは限りがありますし、バスもあまり本数がありません。そもそも蒸留所は辺鄙なところにありますから、交通手段が限られています。それから島の場合には基本的に鉄道は行きませんので、飛行機で行くか、船で渡るしかない。タクシーも大きな町以外で見つけることはほとんど不可能です。

ですから、一番いいのは、レンタカーを借りて、それで蒸留所を回ることです。幸いイギリスは、スコットランドも含めて日本と同じ左側通行ですから、運転で戸惑うことはあまりないと思います。ラウンドアバウトなどの交差点のルールと簡単な交通標識、マイル表示を覚えてしまえば、日本よりはるかに運転はしやすいですね。道路のわかりやすさ、運転のしやすさということでは世界一でしょう。ただし、飲酒運転とスピードの出しすぎにはくれぐれも注意してください。

Q．現地でガイドやドライバーを雇うこともできますか。

それはもちろん可能です。タクシーやレンタカーのほかに、ショーファードライバーというのがあって、運転手つきの車を雇うことは可能です。ショーファーは、大変に信用のおける人たちなので、任せておいて全く問題ありません。日本の旅行代理店などでも手配が可能だと思いますし、現地のツーリストインフォメーションでも紹介してくれます。予算の余裕があるなら試してみる価値はあると思います。

Q．スコットランドのパブでスコッチの種類がたくさんあるのはどこですか。日本では手に入らないスコッチもありますか。

基本的にイングランドでもスコットランドでもパブの中心はビールです。スコッチに比べてビールははるかに安いですから。スコットランドのパブもイングランドのパブもそう変わりがあるわけじゃないんですが、ビールでいえば、スコットランド産のビールがメインになります。イギ

（上）グレンリベット蒸留所の隣にあるミンモアホテルのバー（下）グラスゴーのカスク・アンド・スチル

リス四大ビール会社の一つであるスコティッシュ&ニューカッスル社のつくっている「マッキューワンズ」とか、スコットランド産黒ビール、「ギルスビー」とか。ただ、イングランドのパブに比べて、スコットランドのパブのほうがスコッチ、中でもシングルモルトの種類は揃っています。それでもパブに期待するのは、せいぜい四、五〇種類。五〇種類あれば多いほうだと思っていいでしょう。

　ホテルのバーでスコッチ、とくにシングルモルトが揃っているところというと、スペイサイドではクレイゲラヒー村にあるクレイゲラヒーホテル。あるいはグレンリベットにあるミンモアホテルなど。ホテルのバーには、意外とシングルモルトが揃っているケースが多いですね。それでも二〇〇種類あれば、多いほうの部類だと思います。シングルモルトで有名なパブということで言えば、グラスゴーにポットスチルというパブがあったんですが、ここは今、カスク・アンド・スチルというふうに名前が変わっていて、大体二〇〇ぐらいのシングルモルトを飲むことができます。しかし、三〇〇近い品揃えを誇っていた、かつてのポットスチルではないですけどね。

それにかわって、例えばアイラ島に行くなら、ボウモアのロッホサイドホテル。小さいホテルですけれども、このロッホサイドのバーには、四〇〇種類ぐらいのシングルモルトが揃っています。特にアイラモルトの品揃えは圧巻で、「ボウモア」だけでも八〇種類近く置いています。それから、当たり前ですが、地元のパブ、バーでは地元の蒸留所のものが充実しています。その中には、日本では手に入らないものもあります。蒸留所でしか買えないモルトウイスキーがあり、そういうものが蒸留所以外ではどこにあるかといったら、地元のパブに置いてあったりします。

ですからこまめに地元のパブをのぞくことで、日本では売ってないシングルモルト、まだ知られていないシングルモルトを見つける可能性もあります。パブにはどうせないだろうと、ばかにしないで、地元のパブをのぞいてみるというのも一つの手ですね。

Q．スコットランドの宿泊施設にはどんなものがありますか。

スコットランドを旅行する場合、蒸留所だけを目的に行くのであれば、レンタカーを借りて自分で旅行するのが一番ですね。その場合向こうには、必ずB&Bというのがあります。B&Bというのは、ベッド・アンド・ブレックファーストの略語で、民家が余った部屋を民宿として宿泊客に提供しているというスタイルのところがほとんどです。これは予約も何も要りませんから、レンタカーで走っていて、B&Bという看板を見つけたら、そこへ訪ねていって、直接交渉して泊まることが可能です。

Ｂ＆Ｂの場合には、その日部屋が空いているかどうか、ちゃんとサインが出ています。空いていれば、『ヴェイカンシー』、これは空き部屋ありという意味ですね。『ノーヴェイカンシー』と出ていたら、残念ながらそのＢ＆Ｂはもう満室であるということで、それを目安にＢ＆Ｂを直接訪ねればいいわけです。それとは別に一泊いくらという表示もあります。安いところで一人一泊朝食つきで一〇ポンド、高いところでも二〇ポンドぐらいですから、非常に手ごろな値段で泊まることができます。予約も要らないし安いし、蒸留所巡りの旅をするには、非常に便利です。

もちろんホテルを事前に予約していくことも可能です。ただ、蒸留所巡りの場合は日程、スケジュールがあまり立てられないケースが多いですね。小さなホテルやゲストハウスなどは、飛び込みで行って泊まることも可能ですけれども、大きなホテルの場合は予約が必ず必要です。Ｂ＆Ｂ、ゲストハウス、ホテルの違いは、ホテルの場合にはバス・トイレ付きですが、ゲストハウスの場合はせいぜいトイレまで。Ｂ＆Ｂはバスもトイレも共用になるということです。

Ｑ．スコットランドの情報はどこで手に入りますか。

スコットランドは、イギリスの一部ですから、まずはイギリスの政府観光庁に行くのが一番ですね。政府観光庁はＢＴＡ（ブリティッシュ・ツーリスト・オーソリティ）といって東京の赤坂にありますが、今はファックスで情報を引き出せますから、巻末の資料を参考にしてください。ガイドブックでは〝地球の歩き方〟シリーズ（ダイヤモンド社）に、『スコットランド』というのがありますから、それを見るのが便利かもしれません。しかしスコットランドに行ったら、各地にあるツーリストインフォメーションに行くのが一番ですね。蒸留所のパンフレットも置いてありますし、宿の手配、カーフェリーの予約もしてくれます。

Q．スコットランドにはウイスキー博物館のようなものがありますか。

スコッチの歴史やその製法を知りたかったら、まずエジンバラにあるスコッチウイスキー・ヘリテージセンターをのぞいてみてください。電動カーに乗ってスコッチの世界を体験することができます。日本語音声もありますから、言葉の不安もありません。エジンバラ城のすぐ近くにあります。

エジンバラのスコッチウイスキー・ヘリテージセンター

実際の蒸留所をそのまま博物館にしたのが、ハイランドにあるダラスドゥーです。ここはヒストリック・スコットランド（史跡保存協会）が所有する蒸留所で、そのままの状態で保存されていますから非常にわかりやすい。一見の価値はあると思います。場所はエルギンとインヴァネスの中間くらい、フォレスという町のはずれにあります。

Q．どんな地図を持っていくと便利ですか。

レンタカーで回るなら『A to Z』のような道路地図は絶対必要です。地名がすべて索引になっていますから、住所さえわかれば、それがどんな辺鄙なところでも行くことができます。ニュースエージェント（雑貨屋）やガソリンスタンド、ツーリストインフォメーションで売っていますから、ぜひ買い求めてください。それ以外でしたら、スコットランド全土をカバーしている観光マップなどで十分でしょう。

3　アラウンド・ザ・スコッチ

Q．スコットランドとはどういう国ですか。

日本ではイギリスと言っていますけれども、実はイギリスという名称の国はどこを探してもありません。イギリスというのは、正確には『ユナイテッドキングダム・オブ・グレートブリテン・アンド・ノーザンアイルランド』、大ブリテン島及び北アイルランドの連合王国というのが正式な名称です。ですから、UKと略して言うわけですね。UKの中に、北アイルランドとスコットランドとイングランドとウェールズという四つの国、地方があって、それぞれ文化や歴史が違います。スコットランドはそのグレートブリテン島の、北の三分の一ほどを占める地方です。

面積は約七万九〇〇〇平方キロ。日本でいうと北海道とほぼ同じか、やや小さいぐらいのサイズです。人口は約五一〇〇万人、これも北海道よりもちょっと少ないぐらい。ほぼ北海道と同サイズだと思えばいいと思います。ただ、緯度が非常に高い。日本でいえばカラフトよりもっと北、大部分がカムチャツカ半島ぐらいの北緯にあります。

スコットランドは一七世紀までは独立国でしたが、一七〇七年にイングランドに併合されて大ブリテン王国の一員になりました。でも独自の紙幣と法律を持ち、南のイングランドとは一線を画しています。一九九九年に約二七〇年ぶりにスコットランド議会が復活し、軍事、外交以外はスコットランド独自の政策が認められるようになりました。いわば半独立国、今後どうなるか楽しみですね。

Q．スコットランドはどのような気候ですか。

高い緯度にもかかわらず、年間の平均気温を見ると、北海道よりもはるかに暖かいですね。これは、大西洋の南側からいわゆるガルフストリーム、メキシコ湾流という暖流がスコットランド沖まで流れ込んでいるからです。

イギリスには高い山がほとんどなく、最高峰はスコットランドのフォートウィリアムという町の背後にあるベンネヴィス山。最高峰といっても標高は一三四四メートルしかありません。ハイランド地方には一〇〇〇メートルクラスの山もありますが、この程度の標高ですと冬でも雪はそれほど降りません。降っても、何日も降り積もるということがあまりなく、根雪になることもありません。気温も氷点下になることはありますが、一月、二月といってもそれほど寒さは感じないですね。逆に夏は、三〇度を超えることはなく、二五度を超えたら大変暑い日といえるぐらいで、ある意味では非常に過ごしやすい土地と言えるかもしれないですね。

ただし、メキシコ湾流の影響で、寒冷地にありながら湿気が多いというか、雨量が多いですね。「一日のうちに四季がある」というのは、イギリスの天候を指していいますが、スコットランドの場合にはもっと顕著です。雨が降ったかと思うと、晴れて虹がかかって、またしばらくすると雨が降る。それこそ五月でもハイランドの峠越えの道では雪が降ることがありますし、六月に雪が降ったという記録もあるぐらいです。ですから、季節の変化というよりも、一日の中にほんとうに変化があり、それが独特の気候風土をつくっています。その気候風土がスコッチづくりに、非常に適しているんですね。

Q．スコットランドの国旗、国歌、国の花であるアザミについて教えてください。

スコットランドの国旗は「セント・アンドリューズ・クロス」という、青地に白の斜め十字の旗です。セント・アンドリューはスコットランドの守護聖人で、紀元六九年にギリシャで殉死したとされています。師イエス・キリストと同じ十字架にかけられる価値は自分にはない、斜めの十字架にかけてほしいと自ら願い出たからだといわれています。ちなみにイングランドの守護聖人はセント・ジョージ、アイルランドがセント・パトリック、そしてウェールズがセント・デイビッドです。

スコットランドの国歌は「スコッツ・ワー・ヘー」という歌で、作詞をしたのはロバート・バーンズ。ワー・ヘーというのは「who have」のスコットランド方言で、「ウィリアム・ウォレスと戦いし者たちへ」という呼びかけで始まっています。一三一四年の史上名高いバノック・バーンの戦いを前にした兵士たちに、ロバート・ザ・ブルース王が語りかけるという形式をとった詩で、最後は「自由か、さもなくば死を！」で終わっています。これを聞いて愛国心をかき立てられないスコットランド人はいないでしょうね。

スコットランドの「国花」はアザミの花です。これにも有名な伝説があります。昔スコットランドはヴァイキングの侵略にさんざん悩まされました。ヴァイキングとの最後の戦いが一二六三年のラーグスの戦いで、このとき闇に放たれたヴァイキングの斥候が、太いトゲのあるアザミを踏んで悲鳴をあげてしまいました。そのためスコットランド軍に知られてしまい、スコットランドが大勝したといわれています。国を守った花ということで、以来アザミの花がスコットランドの「国花」になりました。

Q．タータンチェックについて教えてください。

　スコットランドというと、一般的な日本人のイメージは、タータンチェックとか、キルトだとかバグパイプ、ゴルフ、ネッシーだとか、そういったものがすぐに思い浮かぶと思います。実はこれらはすべてハイランド地方に由来しています。スコットランドでもハイランドとローランドとでは伝統的に文化や風俗が違います。ハイランドというのは、スコットランドの中で最も伝統的な文化、それから生活様式を残してきた地域で、ここはもともと、クランという氏族制度がありました。

バグパイプ奏者の伝統衣装

　クランというのは、同じ一族というか血縁集団のことを指し、非常に団結が強いとされています。そのクランの族長のことをチーフテンといいます。スコットランドの場合、イングランド王国と違って、王様の前にまずクランの長があるわけです。王様の命令よりもチーフテンの命令のほうを優先させたといいます。そのクランの構成員たちが、他のクランと区別するために考えだしたのがタータンチェックです。正確にはクランタータンですね。羊毛をその土地で採れる植物や鉱物などを使って染色し、格子縞に織り上げたもので、各クランによって配色や文様がそれぞれ異なっています。日本の家紋のようなものだと考えるとわかりやすいかもしれません。

タータンチェックというのは、ちゃんと登録事務所があって、そこにパターンが登録されています。クランターターンには登録されている文様がおそらく数百あると思うんですが、有名なスチュアートターターンとか、キャンベルターターンとか、マクドナルドターターンとか、これらはすべてスコットランドのハイランドの氏族、クランから出ているものなんですね。逆に、かつては、着ている服、キルトを見れば、どこのクランに属しているかわかったわけです。今では別に、自分がキャンベルクランに属しているからといって、キャンベルターターンを身につけるという必要はないそうです。どんなクランのターターンをつけてもいい。でも、もし自分がキャンベルというクランに属していれば、それ以外のターターンを着ることは、まずないでしょうね。

クランの総数はハイランドで約二五〇、それぞれが正装用、狩猟用、葬儀用などと複数のパターンを持っていますから、全体でどのくらいの数になるか、ちょっとわかりません。出身のクランがはっきりしない場合は地域のクランとか、比較的新しいパターンのターターンを着用することもあります。今でも、伝統行事などには、かつて自分が属していたクランの、ターターンチェックのキルトを着てあらわれるというのが正式なスタイルです。

Q．スコットランド民謡で、日本の歌になっているものも多いと聞きますが、どんな歌ですか。

スコットランド民謡には、日本人になじみの深いものがたくさんあります。もともと明治維新のときに小学校の唱歌の中にスコットランドの民謡が取り入れられたからでしょうね。代表的なものが『蛍の光』。あれは『オールド・ラング・ザイン』というスコットランド民謡で、作詞をしたのは、スコットランドの国民詩人と言われるロバート・バーンズ。同じくバーンズの作詩した『カミン・スルー・ザ・ライ』、これは『故郷の空』という歌になっています。どちらも元歌がスコットランド民謡だと知らない人も多いでしょうね。バーンズではありませんが『アニー・ローリー』もスコットランド民謡です。これも日本の唱歌の中に取り入れられています。

Q. ロイヤルと名のつくスコッチは王室と関係があるのですか。

ロイヤルと名乗っているからといって、王室に関係があるかというとそうではありません。シングルモルトでロイヤルと付くのは「ロイヤルブラックラ」「グレンユーリーロイヤル」「ロイヤルロッホナガー」の三つだけで、これはそれぞれ王室と関係がありました。しかし、ブレンデッドの場合はそうでないものも多いですね。「ロイヤルサルート」と「ロイヤルハウスホールド」は例外で、それぞれ王室と関係があります。「ロイヤルサルート」はシーバスリーガルの二一年物ですが、今のエリザベス二世の戴冠のときに、これを祝って王礼砲、二一発の大砲を鳴らしました。そこから二一年熟成という、戴冠を祝う酒が誕生したんですね。サルートというのは、王礼砲のことです。

ロイヤルハウスホールドというのは、これは英王室そのものを指す言葉で、もともとは英王室が特別に注文したブレンデッドスコッチでした。詳しくは拙著『ブレンデッドスコッチ大全』（小学館）を見てください。

Q. ウイスキーで王室御用達というのはありますか。

もちろんあります。王室御用達の勅許状は、ロイヤルワラントと言いますけれど、今、英国のロイヤルファミリーの中でこれを出せるのは四人だけ。エリザベス女王と、それから女王の夫のエジンバラ公、皇太后（クイーンマザー）、さらにチャールズ皇太子、この四人です。それぞれ勅許状を与えられた企業、あるいはメーカーは、その紋章を自分の製品に掲げることができます。ブレンデッドスコッチの中には、ロイヤルワラントをもらっているウイスキーがたくさんあります。それらは、ちゃんとラベルのところに紋章を掲げています。紋章を見れば、誰のワラントをもらっているか、一目でわかります。

シングルモルトで唯一ワラントをもらっているのは「ラフロイグ」。ラフロイグは一九九四年にプリンス・オブ・ウェールズのロイヤルワラントを授けられています。チャールズ皇太子の一番のお気に入りが、このラフロイグだったからだそうです。

英王室の夏の宮殿バルモラル城

Q．イギリス王室とスコッチにまつわる逸話があれば教えてください。

先ほども言いましたように、シングルモルトの銘柄でロイヤルとつくのは三つあります。これは、それぞれにいきさつがありまして、一番有名な「ロイヤルロッホナガー」でお話ししますと、ロッホナガー蒸留所のお隣に、バルモラル城という宮殿があります。これは、ヴィクトリア女王の時代ですけれども、女王が、スコットランド、特にハイランド地方がたいへん気に入り、ここで毎年夏を過ごすようになりました。夏の間、あちこちの城館を転々として過ごしたんですが、最終的にディー川のほとりにあるバルモラル城が大変気に入って、そのお城を買い取りました。これが一八五〇年代です。

ちょうどそのお隣にロッホナガー蒸留所があって、ある日女王がその蒸留所の見学に来ました。実は蒸留所を建てたジョン・ベグという人が、ヴィクトリア女王の夫のアルバート公が非常に機械好き、科学好きだと聞いて、蒸留所の見学に来ませんかという招待状を出したんですね。そうしたら突然女王ご一家が蒸留所に馬車で乗りつけ、見学をさせてほしいと。実際に期待していたわけではないので、この突然の訪問にベグさんは相当慌てたといいます。女王は蒸留所も、ベグのウイスキーも非常に気に入り、以来よく愛飲されたといいます。ただし、ヴィクトリア女王の好んだ飲み方というのは、紅茶に入れるとか、ワインに入れるだとか、今から考えるとあまり常識的な飲み方じゃないんですけれどもね。

そういうわけでヴィクトリア女王は見学に訪れた数日後に、ロイヤルワラントをジョン・ベグに授けました。以来ロッホナガーは、ロイヤルという称号、形容詞を使うことを許されたということで、今でもその伝統は続いています。バルモラル城というのは、現在も英国のロイヤルファミリーが夏の間過ごすお城になっています。ヴィクトリア女王以来の伝統ですね。

Q．スコットランドで一番飲まれているスコッチは何ですか。

ブレンデッドスコッチでは、「フェイマスグラウス」、シングルモルトでは、「グレンモーレンジ」が一番ですね。イギリス全体で見ると、ブレンデッドは「ベル」が一番で、以下「フェイマスグラウス」「ティーチャーズ」と続いています。シングルモルトは「グレンフィディック」「グレンモーレンジ」「マッカラン」の順です。スコットランドとイングランドでは、順位が違っているのがおもしろいですね。

Q．今、世界で一番売られているスコッチは何ですか。

ブレンデッドスコッチで一番売れているのは、「ジョニーウォーカーの赤ラベル」、二位が「J&Bレア」、三位が「バランタイン」です。シングルモルトでは「グレンフィディック」「グレングラント」「ザ・グレンリベット」の順です。ジョニ赤の年間総売上は約七六〇万ケース、本数にして九一二〇万本、これは一秒間に約三本の割合で売られている計算になります。もちろん、すべてのウイスキーの中でも断トツの数字です。

Q．世界一スコッチをたくさん飲んでいる国民というのは。

もちろんスコットランドと言いたいんですけれども、どうもそうではないようですね。これも統計数字が毎年変わるので、決めつけることはできないんですが、一九九七年の数字で見ると、国民一人当たりで一番飲んでいるのは、ギリシャ人。年間で約三・三四本飲んでいる計算になります。一般論として言えば、ギリシャ、あるいはイタリア、フランス、スペイン、ポルトガルといったヨーロッパ諸国は非常にスコッチを飲んでいます。考えてみれば、ほとんどがワイン大国です。お互いに無い物ねだりというのか、こうしたワイン大国はスコッチに対する憧れが非常に強いんですね。一人当たりの本数で比べると、イギリス人、スコットランド人以上に彼らのほうが飲んでいます。

Q．スコッチ全体の生産量のどれぐらいが輸出されているのですか。

スコッチの場合九〇％近くが輸出です。外貨獲得に非常に役立っているというか、重要な輸出品です。国内消費量というのは、わずか一〇％ぐらい。輸出先で一番多いのがEU連合、国としてみた場合はアメリカが一番、次いでスペイン、フランス、日本、韓国あたりがこれに続きます。スコッチはイギリスも含めたEUの中で、ほぼ五割が消費されています。そのうちの一割がイギリス国内消費です。

Q．世界で一番高いスコッチウイスキーは何ですか。

ギネスブックに載っているのでいえば「グレンフィディック五〇年」です。これはイタリアのミラノで開かれたオークションで落札されたもので、価格は約一億リラ、八〇〇万円近くもしました。ただしこれはチャリティーオークションで、通常のオークションでは、「マッカラン六〇年」が一番高い値がつくでしょうね。これは当初一二本だけが瓶詰めされたもので、今ならおそらく三、四〇〇万円くらいの高値がつくと思います。その後新たに一二本が瓶詰めされましたから、現在は二四本ということになります。

オークション以外で、定価で販売されている一番高いスコッチは「ボウモア四〇年」でしょうね。これは一本四五〇〇ポンド、九〇万円近くします。ただ、「スプリングバンク一九一九年」

(左)マッカラン60年物。ラベルは 2 種類
(右)スプリングバンク1919年(エジンバラのケイデンヘッド店にて)

というお酒を、エジンバラの酒屋で一度見たことがありますが、これは七五〇〇ポンドという値段がつけられていました。ですからオークション以外では、これが一番高いスコッチかもしれませんね。

Q. ウイスキーキャットというのはどんなネコですか。

別名ディスティラリーキャットともいいますが、かつてスコットランドの蒸留所では、自分のところで麦芽もつくっていました。ということは、大量の大麦、それから麦芽を蒸留所でストックしていたことになります。これはすなわちネズミの天国、蒸留所の一番の大敵はネズミですね。そのネズミを退治する目的で、スコットランドの蒸留所では、昔からネコを飼っていました。このネコのことをディスティラリーキャット、あるいはウイスキーキャットというわけです。ただ、現在は、ほとんどの蒸留所でフロアモルティングをやっていませんので、実際には大麦を大量にストックするということはなくなりました。それに従ってネコを飼う蒸留所がどんどん少なくなっていって、今では数えるほどの蒸留所でしかネコを飼っていません。

ハイランドパーク蒸留所のウイスキーキャット

実際にネコを飼っている蒸留所、例えばハイランドパークとか、ボウモアとか、これらの蒸留所でも、かつてのようにネズミをとる役目というのは、あまり果たしていないようですね。実はEUの通達で、蒸留所で生き物を飼うことは禁止されつつあります。ですから、今、生きているネコはいいですけれども、今後はおそらく、蒸留所でネコを飼うことは不可能になると思います。やはり衛生上の問題ですね。蒸留所からウイスキーキャットが消えるのは淋しい気もしますが。

実際どれくらいネズミを捕まえたかというと、これは有名なネコがいまして、グレンタレットという蒸留所にいたタウザーというネコですが、このネコは、生涯に二万八八九九匹のネズミを捕まえたといわれています。ギネスブック公認の数字です。どうしてこんな細かい数字がわかるのかと疑問に思いましたが、実は蒸留所で飼われているウイスキーキャットというのは、ネズミを捕まえると、きちんとその死骸を職人に見せるんだそうです。決まった場所に持ってきて、誇らしげにそれを見せる。蒸留所の職人たちが毎日それを、きょうは何匹、というふうにカウントするんだそうです。それで、二万八八九九匹という数がきちんと記録されたということです。

このタウザーというネコは、ネコとしても大変に長生きしたネコで、何と二三歳と一一カ月生きたそうです。最長寿のネコでしょうね。このタウザーが亡くなったのは一九八七年ですが、このときにはスコットランドだけじゃなくて、イギリスの新聞でも写真入りで大きく取り上げられました。それだけイギリスでは有名なネコだったんですね。今、グレンタレットに行きますと、タウザーの銅像が建っていて、人気の的になっています。売店にはタウザーのポスターをはじめ、あらゆるタウザーグッズが揃っているのも、おもしろいですね。

なぜウイスキーキャットがそれだけネズミをとれるのかといったら、今でもそうですけれども、蒸留所で飼われているネコというのは、ネズミや小鳥だけでなく、蒸留所の周辺にいる野ウサギなども捕食しています。蒸留所で飼われていたネコというのは、餌が与えられませんでしたから、ネコ本来の野生の血が濃かったのかもしれません。ネズミを捕まえたご褒美にミルクなどは与えられたようですが、餌は自前で調達しなければならない。強くて体格がよく、ネズミなど小動物を捕まえる能力に長けたネコだけが生き残れたわけですから。しかし、今ではウイスキーキャットも過去のものになりつつあります。

Q．ネコ以外にも動物を飼っているところはありますか。

ネコ以外の動物を飼っている蒸留所というのは、今ではありません。イヌを飼っている蒸留所というのは聞いたことがありません。もちろん職人がペットとして飼っている場合は別ですが。最近、アラン蒸留所という新しい蒸留所で、クジャクやアヒル、ガチョウを飼っているのを見ました。これはマネジャーのペットで、世界一珍しい蒸留所じゃないかと思います（笑）。かつては牛を飼っていたという蒸留所はいくつかありました。ウイスキーづくりの過程でできる麦芽の絞りかすを牛の飼料として与え、品評会で何度も優勝したという蒸留所もありましたね。

バランタイン名物、ガチョウの行進

また、これは蒸留所ではありませんが、バランタイン社ではシナガチョウを飼っています。巨大な熟成庫を泥棒から守るために、というのがその理由です。これは、バランタインのガチョウとして大変有名で、同社のシンボルマークなどにも使われています。なぜガチョウなのかといったら、シナガチョウというのは、非常にうるさいんですね。ギャアギャアと鳴きわめいて、これが番犬以上に有能だということで飼っているんです。ただし、泥棒に対しては有効なんですが、逆にキツネにとっては大好物で、キツネによく狙われ年間何十羽も命を落とすそうです。

Q．ポットスチルの絵が描かれたお札があると聞きましたが。

ありますす。スコットランドというのは、イングランドとは法律も文化も言葉も、もともと異なる国です。イングランドはアングロサクソンというゲルマン民族の一派がつくった国ですが、スコットランドは先住民族のピクトも含めて、ケルト民族の末裔です。スコットランドは一七〇七年にイングランドに併合されたんですが、一九九七年の国民投票によってスコットランド議会復活が承認されて、一九九九年五月に、第一回目の国会議員選挙が行われました。ですからイングランドのウエストミンスターの議会からも独立をして、外交と軍事以外の面ではほとんど独立国といっていいわけですね。

いわば半独立国ですから、もともとお札もイングランドとは違いました。単位はポンドで同じですが、スコットランドでは三つの銀行が独自の紙幣を発行しています。スコットランドには、イングランドにはない一ポンド札もありますが、それはともかくとして、ポットスチルの描かれているお札というのは、バンク・オブ・スコットランドが発行している一〇ポンド紙幣です。スコッチウイスキーがスコットランドにとっていかに重要な産業であるか、そのことを見てもわかると思います。

ポットスチルが描かれたスコットランド紙幣

Q．シングルモルトの銘柄名はどうして読みにくいのですか。

シングルモルトの銘柄名というのは、ほとんどの場合、蒸留所の名前がそのままつけられています。蒸留所の名前というのは、土地の名前、地名です。例外的に「スプリングバンク」とか「ハイランドパーク」というのはありますけれども、大部分の蒸留所は地名がそのままつけられています。

地名というのは、先住民族の文化を最も色濃く残しているといわれます。スコットランドはもともとピクト族という民族がいて、その後で、アイルランドからスコット族が渡ってきて、このスコット族というのが後にスコットランドという国の名称にもなります。どちらもケルト民族の一派です。もともとスコットランド人の祖先のスコット族と、アイルランド人の祖先のゲール族は一緒ですね。スコットランドはこのスコット族のつけた地名が大変に多い。

スコット族、すなわちゲール語の地名というのは、発音のしにくいものが多いのは当然のことで、英語とは全く違っています。日本人には全くなじみがないし、イングランド人にとってもなじみのない地名ばかりです。もともと文字を持っていない民族ですから、英語のアルファベットを借りてきて綴っていました。その綴りも一定していません。そのために、発音が非常に難しいんですね。

スカイ島の道路表示。上がゲール語表記

Q. よく耳にするゲール語について教えてください。

スコットランドの母語であるゲール語のことを多少なりとも知っていると、スコッチに対する親しみ度は増すかもしれないですね。

蒸留所の名前の中で、頻繁に使われるものとして、『グレン』とか、『ストラス』とかというのがあります。グレンというのは、ゲール語で、谷の意味です。谷といっても狭い谷のことをグレンといって、反対に広い谷、氷河の浸食でできたU字谷のように広い谷のことをストラスといいます。ですから、グレンのついた銘柄名というと、「グレンフィディック」「グレンファークラス」「グレンリベット」「グレンモーレンジ」「グレンタレット」……、たくさんありますが、これはすなわちスコッチの蒸留所が、かつて人里離れた狭い谷間でつくられていたということを物語っているわけですね。

　それから、ゲール語で知っておくと便利なものに、『ベン』というのがあります。ベンというのは、ゲール語で山の意味です。「ベンネヴィス」とか、「ベンリネス」とか、「ベンリアック」もそうですね。さらに、『ロッホ』というのがあります。これは発音が難しいのと、それからなかなか片仮名にはしにくいんですけれども、ロックとかロッホとか片仮名で書きますが、これは湖とか、それから湖だけじゃなくて、内海、湾のこともロッホといったりします。ですから、ロッホがすべて淡水の湖とは限らない。キャンベルタウンに有名なキャンベルタウンロッホというのがありますが、これは湾のことですね。

「ボウモア」や「クラガンモア」などの『モア』、このモアというのは大きいという形容詞、主に接尾語として使われます。反対に小さいというときには、『ベッグ』、「アードベッグ」なんかに使われるベッグがそうですね。『アード』というのは、岬とか突き出した半島のことです。それから『マル』というのも、これも半島とか地の果てとかという意味があります。『インヴァー』とか『アバー』という言葉がありますが、インヴァーもアバーも同じことで、どちらも河口を意味したり、落ち合いを意味します。川の合流点、あるいは川の河口。インヴァネスというのはネス川の河口に開けた町なのでインヴァネスですね。アバーももちろんそうです。アバディーンという地名がありますが、これは、ドン川の河口に開けた町なのでアバディーンといいます。他に『ノック』は丘のこと、『デュー』『ドゥー』は黒いという意味です。「ノックドゥー」というのは、したがって黒い丘のことですね。

スコットランドの地名で気をつけなくてはいけないのは、ゲール語に起源を持つ地名だけじゃないということです。特に海岸部に見られる地名では、ノース語、ヴァイキングの言葉に起源を持つ地名も数多くあります。もともと八世紀から一三世紀にかけて、スコットランドは約五〇〇年間ヴァイキングに侵略され続けました。もちろん侵略だけじゃなくてヴァイキングが定住したところもたくさんあって、彼らの共同体が築かれたところには、今でもヴァイキングの地名が残っています。

ヴァイキングは海の民ですから、船上から見える山や川、船を停泊させる湾などに多くの地名を残しています。特に北ハイランドやヘブリディーズ諸島、アイラ島やアラン島、ジュラ島も含めて、オークニーやシェットランドなどという島は、もともとヴァイキングの土地です。オークニー島がシェットランドとともにスコットランドの一部になったのは今から五〇〇年前の話で、それ以前は正真正銘ヴァイキングの国でした。だから当然地名もたくさん残っています。「スキャパ」は、ヴァイキングの言葉で貝床のことです。

スコッチの蒸留所名でゲール語以外のものというのは、そういうヴァイキングの言葉に起源を持つもの、それからもちろん英語に起源を持つものもあります。ハイランド地方にはアングロサクソンはほとんど植民しませんでしたが、ローランド地方には、彼らの王国もいくつかありましたし、それからスコット族とは違うケルトの一派ブリトン族の王国もありました。それでもスコットランドの地名の七割以上は、ゲール語起源のものと考えていいのじゃないかと思います。

Q．スコッチが登場する映画や小説はありますか。スコットランドの歴史や文化を知るためにはどんな本を読めばよいですか。

スコッチが登場する映画や小説はたくさんありますが、ここではスコットランドが舞台になった、あるいは重要なモチーフになったものだけを紹介します。映画ではまず『ウイスキーガロワー』で、これはコンプトン・マッケンジーの同名の小説を映画化したものですが、残念ながら日本では公開されていませんし、翻訳も出ていません。イギリスではビデオを売っていて、僕も手に入れ観ましたが、とにかく笑えます。第二次大戦中にウイスキーを満載した船がエリスケイ島沖で座礁し、島民がこっそり引き揚げ飲んでしまうという、実際の史実に基づいたドタバタ喜劇で、日本で観ることができないのが本当に残念ですね。イギリスではコンプトン・マッケンジーと、この小説を知らない人はほとんどいないのではないでしょうか。それほど有名です。

スコットランド版ロビンフッド、ロブ・ロイの生涯を映画化したのがハリウッド映画の『ロブ・ロイ』で、リーアム・ニーソンがロブ・ロイに扮しています。一八世紀後半のハイランド地方が舞台ですが、当時のクランたちの生活、特に牛飼いたちの生活がわかって興味深いですね。スコッチを飲むシーンも登場します。

直接スコッチは出てきませんがスコットランドの歴史を知りたいと思ったら、同じハリウッド映画の『ブレイブハート』が最高ですね。スコットランド独立の英雄、ウィリアム・ウォレスの生涯を描いた映画で、メル・ギブソンが主演・監督をしています。史上名高いスターリング・ブリッジの戦いのシーンは圧巻です。

小説ではディック・フランシスの『証拠』。原題は『プルーフ』で、アルコール度数と証拠の

「プルーフ」をかけています。「ラフロイグ」が重要な鍵を握っていますから、興味のある人はぜひ読んでみてほしいですね。最近ではエジンバラを舞台にしたクィンティン・ジャーディンの『スキナーのルール』『スキナーのフェスティヴァル』といった推理小説も出ています。

スコットランドの歴史や文化について書かれた本で、日本語で読めるものは本当に少ないんですが、森護著『スコットランド王国史話』とナイジェル・トランター著、杉本優訳『スコットランド物語』、それに東浦義雄著『スコットランドⅪの謎』がよいかと思います（すべて大修館書店）。特にナイジェル・トランターの『スコットランド物語』は、物語としても一流ですね。

Q．スコッチにはソムリエのような公的資格がありますか。どこで勉強したらいいですか。

残念ながらスコッチには、そういう資格はありません。スコッチのことをいろいろ知りたいと思ったら、やはりたくさん飲むということです。バランタイン社に行ってマスターブレンダーのロバート・ヒックス氏に「バランタインの正しい飲み方はありますか」と訊いたら、答えはこうでした。「たくさん飲め！」。

それと、スコッチはやはり風土の酒ですから、ぜひスコットランドに行って自分の目でウイスキーづくりの現場を見ていただきたいですね。風土とウイスキーづくりの現場を知ることが、スコッチを知る最善の方法だと思います。

あとはこのささやかな本が、少しでもお役に立てれば、僕としてはそれ以上の喜びはないですね。

スコッチウイスキーの法律的な定義

スコッチウイスキーは、イギリスの法律でどのように定義づけられているのでしょうか。1988年制定のスコッチウイスキー法から、当てはまる部分を抜き出し整理してみました。

1．スコットランドの蒸留所で水と発芽した大麦（他の穀物が加えられても可）のみを使い、①蒸留所でマッシュし、②麦芽内生の酵素作用のみによりこれを糖質に変え、③イースト菌のみを加えて発酵、

2．使用した原料、製造過程から引き出された芳香と風味を失うことなく、アルコール度94.8パーセント以下で蒸留、

3．容量700リットルを超えないオーク樽に詰め、最低3年間スコットランドの保税貯蔵庫の中で熟成し、

4．水とスピリッツカラメル（甘味を除いた天然のカラメル。着色料として使われる）以外は加えられていないもの。

つまり、どんな穀物を原料に使っても、大麦麦芽の酵素によってそれを糖質に変え、水とイースト菌のみを使ってスコットランドの蒸留所で蒸留し、オークの樽に詰めてスコットランド内で最低3年間熟成されたもの、というのがスコッチウイスキーのおおまかな定義なのです。

スコッチについての情報が得られる組織、機関

【イギリス情報全般】

イギリス政府観光庁　☎03-5562-2550　http://www.uknow.or.jp/bta/

〒107-0052　東京都港区赤坂2-17-22 赤坂ツインタワー1F

【ウイスキー情報全般】

山崎ウイスキー館（サントリー山崎蒸溜所内）　☎075-962-1423

http://www.suntory.co.jp/factory/yamazaki/whiskykan/

〒618-0001　大阪府三島郡島本町山崎5-2-1

【愛好家の会員制組織】

スコッチモルトウイスキー・ソサエティ日本支部　☎06-6351-9198

〒534-0027　大阪市都島区中野町2-15-32 天満商店

【樽買いとスコットランド産チーズ】

(株)アラン・ジャパン　☎03-5772-2672　http://www.arranjapan.com/eng/

〒150-0001　東京都渋谷区神宮前3-33-17 ガーデンテラス神宮前101

【スコットランド産チーズ】

(有)ファン・ド・ジェリー　☎078-857-4473　http://www.jin.ne.jp/jerry/

〒658-0032　神戸市東灘区向洋町中5-15

主要参考文献

〈英文〉

Charles Craig : *The Scotch Whisky Industry Record* (Dumbarton 1994)
Gavin D. Smith : *Whisky, A Book of Words* (Manchester 1993)
Nancy Marshall : *Companion to the Burns Supper* (Edinburgh 1992)
David Dorward : *Scotland's Place-Names* (Edinburgh 1986)
Charles MacLean, David McAllister : *Clans and Tartans* (Belfast 1995)
Charles MacLean : *malt whisky* (London 1997)
Jim Murray : *The Complete Guide to Whisky* (Carlton 1997)
Charles MacLean : *Pocket Guides Scotch Whisky* (London 1998)
Michael Jackson : *Malt Whisky Companion* (London 1999)
Theodora Fitzgibbon : *A Taste of Scotland* (London 1971)
Compton Mackenzie : *Whisky Galore* (London 1957)
Brian Townsend : *Scotch Missed* (Glasgow 1997)
Graham Moore : *Malt Whisky* (London 1998)

〈和文〉

『スコッチへの旅』平澤正夫（新潮社　1991）
『ポケット・カクテル&バー・ブック』マイケル・ジャクソン、小野村正敏訳（鎌倉書房　1989）
『ヒゲのウヰスキー誕生す』川又一英（新潮社　1982）
『スコットランド王国史話』森護（大修館書店　1990）
『スコッチ・ウイスキーQ＆A』スコッチ・ウイスキー広報センター
『スコッチウィスキー・ガイド』R. J. S. マクドウォール、田中稔子訳（大陸書房　1983）
『スコッチ・モルト・ウィスキー』加藤節雄、土屋守、平澤正夫、北方謙三他（新潮社　1992）
『スコットランド物語』ナイジェル・トランター、杉本優訳（大修館書店　1997）
『モルトウィスキー大全』土屋守（小学館　1995）
『ブレンデッドスコッチ大全』土屋守（小学館　1999）
『ザ・スコッチ　バランタイン17年物語』グレアム・ノウン、田辺希久子訳（ＴＢＳブリタニカ 1996）
『ウィスキーシンフォニー』嶋谷幸雄（たる出版　1998）
『The Malt Whisky File』ロビン・トゥチェク、ジョン・レイモンド（共著）、茂木毅訳（Edinburgh　1998）
『スコッチ・ウイスキー雑学ノート』双神酔水（ダイヤモンド社　1999）
『スコットランド「ケルト」紀行』武部好伸（彩流社　1999）
『樽とオークに魅せられて　森の王の恵み、ウイスキー・ワイン・山海の幸』加藤定彦（ＴＢＳブリタニカ　2000）
『スコットランドⅪの謎』東浦義雄（大修館書店　1988）
『Whisky Book』サントリー洋酒事業部（非売品　1998）

〈バー関係〉

『東京の Bar』枝川公一（プレジデント社　1998）
『東京グルメバイブル④　魅惑のバー100店』（日経ＢＰ社　1998）
『バックバーの肖像』宮内誠監修（六甲出版　1999）

Pencaitland, East Lothian EH34 5ET
☎(01875)342004
www.malts.com

⑤⑤the glenlivet distillery
Glenlivet, Ballindalloch, Banffshire AB37 9DB
☎(01340)821720
www.theglenlivet.com

⑤⑨glenmorangie distillery
Tain, Ross-shire IV19 1PZ
☎(01862)892477
www.glenmorangie.com

⑥⓪glen moray distillery
Bruceland Road, Elgin, IV30 1YE
☎(01343)542577
www.glenmoray.com

⑥①glen ord distillery
Muir of Ord, Ross-shire IV6 7UJ
☎(01463)872004
www.malts.com

⑥⑥glenturret distillery
The Hosh, Crieff, Perthshire PH7 4HA
☎(01764)656565
www.glenturret.com

⑥⑨highland park distillery
Holm Road, Kirkwall, Orkney KW15 1SU
☎(01856)874619
www.highlandpark.co.uk

⑦③isle of arran distillery
Lochranza, Isle of Arran KA27 8HJ
☎(01770)830264
www.arranwhisky.com

⑦④isle of jura distillery
Craighouse, Isle of Jura PA60 7XT
☎(01496)820240
www.isleofjura.com

⑦⑧lagavulin distillery
Port Ellen, Isle of Islay PA42 7DZ
☎(01496)302400
www.malts.com

⑦⑨laphroaig distillery
Port Ellen, Isle of Islay PA42 7DU
☎(01496)302418
www.laphroaig.com

⑧⑤the macallan distillery
Craigellachie, Banffshire AB38 9RX
☎(01340)872280
www.themacallan.com

⑨②oban distillery
Stafford Street, Oban, Argyllshire PA34 5NH
☎(01631)572004
www.malts.com

⑨⑤pulteney distillery
Huddart Street, Wick, Caithness KW1 5BA
☎(01955)602371
www.oldpulteney.com

⑨⑧royal lochnagar distillery
Crathie, Ballater, Aberdeenshire AB3 5TB
☎(01339)742700

⑩④strathisla distillery
Seafield Avenue, Keith, Banffshire AB55 5BS
☎(01542)783044
www.chivas.com

⑩⑥talisker distillery
Carbost, Isle of Skye IV47 8SR
☎(01478)614308
www.malts.com

⑪⓪tobermory distillery
Tobermory, Isle of Mull PA75 6NR
☎(01688)302645

⑪①tomatin distillery
Tomatin, Inverness-shire IV13 7YT
☎(01808)511444

見学可能な蒸留所一覧

2000年4月時点で見学可能なシングルモルト蒸留所の一覧です。実際に訪れる際には、事前に開館日時などをお確かめください。(○付き数字は巻末地図の蒸留所番号)

①aberfeldy distillery
Aberfeldy, Perthshire PH15 2EB
☎(01887) 822010

④ardbeg distillery
Port Ellen, Isle of Islay PA42 7EA
☎(01496) 302244
www.ardbeg.com

⑬ben nevis
Lochy Bridge, Fort William PH33 6TJ
☎(01397) 700200
www.bennevis.co.uk

⑯benromach distillery
Inverernе Road, Forres, Moray IV36 3EB
☎(01309) 675968
www.benromach.com

⑱blair athol distillery
Pitlochry, Perthshire PH16 5LY
☎(01796) 482003

⑲bowmore distillery
Bowmore, Isle of Islay PA43 7JS
☎(01496) 810671
www.morrisonbowmore.com

㉒bunnahabhain distillery
Port Askaig, Isle of Islay PA46 7RP
☎(01496) 840646

㉓caol ila distillery
Port Askaig, Isle of Islay PA46 7RL
☎(01496) 302760

㉕cardhu distillery
Knockando, Aberlour, Banffshire AB38 7RY
☎(01340) 872555

㉖clynelish distillery
Brora, Sutherland KW9 6LR
☎(01408) 623000

㉝dalmore distillery
Alness, Ross-shire IV17 0UT
☎(01349) 882362
www.thedalmore.com

㉞dalwhinnie distillery
Dalwhinnie, Inverness-shire PH19 1AB
☎(01540) 672219
www.malts.com

㊲edradour distillery
Pitlochry, Perthshire PH16 5JP
☎(01796) 472095
www.edradour.co.uk

㊳fettercairn distillery
Fettercairn, Laurencekirk, Kincardineshire AB30 1YE
☎(01561) 340205

㊸the glendronach distillery
Forgue, by Huntly, Aberdeenshire AB54 6DB
☎(01466) 730202

㊼glenfarclas distillery
Ballindalloch, Banffshire AB37 9BD
☎(01807) 500257
www.glenfarclas.co.uk

㊽glenfiddich distillery
Dufftown, Banffshire AB55 4DH
☎(01340) 820373
www.glenfiddich.com

51glengoyne distillery
Dumgoyne, Nr Killearn, Stirlingshire G63 9LB
☎(01360) 550254
www.glengoyne.com

52glen grant distillery
Rothes, Morayshire AB38 7BS
☎(01340) 832118

54glenkinchie distillery

北九州市小倉北区鍛冶町1-3-10 ニュー平和ビル2F

The Whisky Bar ☎0944-57-7676

大牟田市中島町7-1

〈佐賀県〉

BAR YAMAZAKI ☎0952-22-3961

佐賀市白山2-5-24

〈長崎県〉

Public Bar KEN'S ☎095-822-9244

長崎市本石灰町3-13 延寿富田ビル2F

Shot Bar Spirits ☎095-827-6168

長崎市浜町10-21 ウィズビル長崎5F

〈大分県〉

BAR CASK ☎097-534-2981

大分市都町3-2-35 山下ビル2F

〈宮崎県〉

BAR MALT'S ☎0985-27-0350

宮崎市橘通西3-4-9 松山ビル2F

〈沖縄県〉

BAR 花 ☎098-932-8787

沖縄市上地2-10-12 吉元ビル2F

大阪市北区鶴野町2-3 アラカワビル1F
婆娑羅 ☎06-6886-1688
大阪市淀川区塚本4-3-11
KARIN BAR ☎06-6991-7836
守口市寺内町2-64 林ビル4F
BAR&Delicious Kitchen AJARA ☎0722-77-6023
堺市深井清水町3537 コートビレヂ赤塚1F
福田バー ☎0726-82-4139
高槻市高槻町9-20 ブルーピア第一ビル102
Shot Bar Lee ☎06-4866-8771
豊中市服部豊町2-20-12

〈兵庫県〉

Big Wave ☎078-334-0048
神戸市中央区海岸通6番地 建隆ビルB1
Arthu De Rimbaud ☎078-331-1141
神戸市中央区中山手通1-16-12-141
BAR Keith ☎078-393-0690
神戸市中央区中山手通1-15-7 東門エースタウンビル1F
BALLAN ZACK ☎078-332-2027
神戸市中央区中山手通1-15-7 東門エースタウンビル1F
Bar O2 ☎078-393-1837
神戸市中央区中山手通1-5-6 中島ビル2F
SAVOY ☎078-331-2615
神戸市中央区北長狭通2-1-11 王廣ビル3・4F
BAR MAIN MALT ☎078-331-7372
神戸市中央区北長狭通2-10-11 第7シャルマンビルB1
King of Kings ☎078-241-2338
神戸市中央区北野町2-3-16
THE TIME ☎0798-70-1623
西宮市石刎町2-2 マスターズクラフト2F

〈奈良県〉

COTTON CLUB ☎0742-33-0340
奈良市大宮町4-313-4 ヴィラ松本2F
Bar North Port ☎0742-34-8038
奈良市法華寺町190-7 荒井ビル2F

〈和歌山県〉

Bar TENDER ☎073-427-3157
和歌山市楠右衛門小路11 谷口ビル1F

〈島根県〉

大正倶楽部 ☎0852-26-6665
松江市伊勢宮町515-1 双和ビル2F

〈岡山県〉

BAR PADLOCK ☎086-222-4155
岡山市幸町3-10 友沢ビル3F
ラ・プラーニュ ☎086-225-3183
岡山市錦町3-5 第2クロスビル2F
LEGEND ☎086-232-7746
岡山市本町1-4 ラタンビル2F

〈広島県〉

LE FOUQUET'S ☎082-227-5837
広島市中区鉄砲町4-7 シティコープ幟町1F
黒水仙 ☎082-242-2000
広島市中区流川町2-20 SS館5F
club Usquebaugh ☎082-248-4818
広島市中区堀川町1-29 αビル3F
BAR さくま ☎0849-25-7212
福山市船町3-3-2F

〈山口県〉

プレリュード ☎0836-34-0147
宇部市松島町16-15

〈徳島県〉

LONG BAR ☎0886-56-3747
徳島市栄町1-7-3 三原ビル5F

〈香川県〉

ジョン・バリー・コーン ☎087-823-5112
高松市福田町8-10 ローズガーデンビル1F
舶来洋酒店 SILENCE BAR
丸亀市港町307 埠頭32 ☎0877-24-3646

〈愛媛県〉

李白 ☎089-933-1808
松山市三番町2-6-18 参番館ビル5F

〈福岡県〉

BAR SMUGGLER ☎092-725-3199
福岡市中央区大名1-10-21 内山56ビル3F
ケーブルカー ☎092-725-7897
福岡市中央区大名2-2-42 ケーワンビル1F
HEARTS FIELD ☎092-712-4369
福岡市中央区天神2-3-5 ジャンティグリB1
ミス マーベルマーサ ☎092-524-3889
福岡市中央区薬院4-9-15 ラセーヌ浄水
ホテル海の中道 キャビントップ ☎092-603-2525
福岡市東区西戸崎18-25
バー ヘブン ☎092-262-5501
福岡市博多区中洲2-7-3 リトル中洲ビル1F
BAR CASK ☎092-262-5123
福岡市博多区中洲2-7-5 第3タワービル2F
ケルン ☎092-281-5934
福岡市博多区中洲3-7-15 井上ダイヤモンドビル4F
ニッカバー 七島 ☎092-291-7740
福岡市博多区中洲4-2-18 水上ビル1F
BAR STAG ☎093-533-2511

金沢市片町1-5-8 シャトービル1F
ブニヤ・デ・モカ ☎0761-22-4199
小松市土居原町239-1
〈岐阜県〉
二番館 ☎058-264-2864
岐阜市弥生町25
〈静岡県〉
MATCH BOX ☎054-273-8845
静岡市葵区昭和町3-9 星ビル2F
Blue Label ☎054-273-5689
静岡市葵区昭和町3-2
BAR THINK ☎053-452-6009
浜松市板屋町102-17
Triangle ☎053-452-6999
浜松市田町331-13 Hビル3F
BAR STORY ☎053-454-0341
浜松市田町330-17 丸ビル2F
フランク ☎0559-51-6098
沼津市大手町2-11-17
〈愛知県〉
英吉利西屋本店 ☎052-221-1738
名古屋市中区栄1丁目5-8 藤田ビルB1
英吉利西屋 ☎052-241-4070
名古屋市中区栄3-8-14 やぶ彦ビル2F
芳乃 BAR ☎052-241-4900
名古屋市中区栄4-14-21 愛旅連ビル1F
オー・ド・ビー住吉店 ☎052-242-0560
名古屋市中区栄3-11-14 ピボット住吉6F
BAR BARNS ☎052-203-1114
名古屋市中区栄2-3-32 アマノビルB1
オー・ド・ビー錦店 ☎052-971-8900
名古屋市中区錦3-13-32 第4錦ビル3F
Le Sure ☎052-951-2154
名古屋市中区錦3-22-1 永田ビル2F
バーリー ☎052-953-0087
名古屋市中区錦3-12-22 新錦ビルB1
オーセンティックバー WEIN
☎052-953-9181
名古屋市中区錦3-18-21 錦ビル3F
TERANO-BAR ☎0532-56-7222
豊橋市松葉町3-101 2F
Bar Noche ☎0565-35-4722
豊田市元城町1-23 アルカディアビル2F
〈京都府〉
RéBIRtH ☎075-241-2936
京都市中京区河原町蛸薬師東入ル クラリオンビル3F
BAR K6 ☎075-255-5009
京都市中京区木屋町二条東入ル ヴァルズビル2F
京酒房 来洛座 THE MAIN BAR
☎075-541-0077
京都市東山区大和大路通四条下ル大和町13番地 芝本ビル1F奥
THE BAR Straight ☎075-551-2311
京都市東山区祇園町北側281-1 祇園ファーストビル3F（祇園ホテル向い）
Fellow & Fellow ☎075-525-0770
京都市東山区祇園町北側286
〈大阪府〉
Bar Leigh Islay ☎06-6351-0508
大阪市都島区中野町4-15-23 桜ノ宮ハイツ1F
レーゾンデートル ☎06-6353-4516
大阪市都島区片町2-4-14
Bar Leigh ☎06-6358-8210
大阪市都島区片町2-7-25 アンシャンテビル1F
jazz&bar RUG TIME ☎06-6621-6616
大阪市阿倍野区帝塚山1-4-17
オールドコース ☎06-6282-3241
大阪市中央区東心斎橋1-14-15 アルスビル1F
M's tavern ☎06-6243-2758
大阪市中央区東心斎橋1-17-15 丸清ビル6F
The Cole Bar ☎06-6214-3666
大阪市中央区心斎橋筋2-1-10 サンボアビル4F
BAR Whiskey ☎06-6211-9625
大阪市中央区道頓堀2-4-14 シモウラビルB1
BAR〜IST ☎06-6364-2953
大阪市北区太融寺町7-11 フジノビルディングノバ2F
BAR HARBOUR INN ☎06-6371-8009
大阪市北区芝田1-3-7 マルシェ芝田3F
Bar,K ☎06-6343-1167
大阪市北区曽根崎新地1-3-3 好陽ビルB1
キムラバー ☎06-6345-3650
大阪市北区曽根崎新地1-6-21 イトヤビルB1
YASUDA Bar ☎06-6341-1069
大阪市北区曽根崎新地1-6-6 大川ビル3F
BAR PEKO ☎06-6371-3321
大阪市北区茶屋町13-9
BAR ARTEMIS ☎06-6377-0707
大阪市北区茶屋町1-5 茶屋町茶ビン堂ビルB1
BAR AUGUSTA ☎06-6376-3455

Bar DEUCE　☎03-3251-0061
千代田区神田多町2-11 岡崎ビルB1
バー・宝鏡堂　☎03-3561-5681
中央区京橋2-11-10 宝鏡堂ビルB1
Bar オーパ　☎03-3535-0208
中央区銀座1-4-8 光明ビルB1
PEER'ESS　☎03-3567-3788
中央区銀座3-3-12
D-Heartman　☎03-3573-6123
中央区銀座6-4-7 ファーストビル6F
BAR ル・ヴェール　☎03-3574-9551
中央区銀座6-4-8 曽根ビル2F
ダルトン2　☎03-3289-0388
中央区銀座6-5-14 能楽堂ビル別館4F
JBA BAR 洋酒博物館　☎03-3571-8600
中央区銀座6-9-13 中嶋ビル3F
TALISKER　☎03-3571-1753
中央区銀座7-5-12 藤平ビルB1
FAL　☎03-3575-0503
中央区銀座8-10-16 進藤ビル2F
Bar B-2　☎03-3571-8807
中央区銀座8-6-8 フローレンスビル2F
PAPA　☎03-3822-8345
文京区根津2-11-8 天田ビル1F
琥珀　☎03-3831-3913
文京区湯島3-44-1 高橋ビル1F
THE CRANE　☎03-5951-0090
豊島区池袋2-3-3 曙ビル1F
大伴バー　☎03-5950-8484
豊島区池袋2-47-12 プロスビル9F
TIP TOP　☎03-3590-5017
豊島区池袋2-53-10 フラッグメント MIB-B1
もるとや　☎03-5952-9277
豊島区東池袋1-8-6 第2佐々木ビル1F
三番倉庫　☎03-3949-0150
豊島区北大塚2-7-5 ワイズビル1F
SPEYSIDE WAY　☎03-3723-7807
目黒区自由が丘1-26-9 三笠ビル5F
BAR レモンハート　☎03-3867-1682
練馬区東大泉4-3-18 山路ビルB1
MALTHOUSE ISLAY　☎03-5984-4408
練馬区豊玉北5-22-16 キジマビル2F
フストカーレン　☎03-5607-3484
葛飾区新小岩4-13-6 水村コーポ1F
Woody　☎0422-22-0860
武蔵野市吉祥寺本町1-10-8 山崎ビル3F
GEORGE'S BAR　☎0422-22-8002
武蔵野市吉祥寺本町2-19-7 みすずビル2F
エディーズ・バー　☎0422-43-1527
武蔵野市吉祥寺南町2-2-4
Shot Bar DAN　☎042-374-4253
多摩市関戸2-24-14 ダイヤメイト聖蹟II1F
ヒース　☎042-573-5135
国立市東1-15-24 サニービルB1

〈神奈川県〉

BAR Sheep　☎045-262-1614
横浜市中区野毛町1-46-1 MS野毛ビル1F
Bar スリーマティーニ　☎045-664-4833
横浜市中区山下町28 ライオンズプラザ山下公園104
アテネ　☎045-641-6614
横浜市中区山下町217-4
舶来酒場 らんぷ　☎045-641-8901
横浜市中区住吉町5-61 住五ビル1F
Public Bar THE DUFFTOWN　☎045-663-7936
横浜市中区石川町2-62 嘉山ビル2F
BAR ULTRA BUONO　☎045-322-8171
横浜市神奈川区鶴屋町2-19-2 井上ビル3F
キャッツ&ドッグス　☎045-841-7243
横浜市港南区上大岡西1-10-5 泰誠ビル2F
GLORY 大倉山　☎045-549-3775
横浜市港北区太尾町389 キャッスル美研1F
Early American　☎045-502-8333
横浜市鶴見区鶴見中央1-18-2
BAR Eau de Vie　☎042-765-5660
相模原市相模大野3-11-18 竹山ビルB1

〈長野県〉

MAIN BAR COAT　☎0263-34-7133
松本市中央2-3-24 ミワビル2F
パブ 摩幌美　☎0263-36-3799
松本市中央1-13-1
BAR 古時計　☎0265-22-0750
飯田市馬場町1-7 村沢ビルB1

〈新潟県〉

ディオニソス　☎025-222-8140
新潟市古町通7-1005 橋田ビル1F
酒場ぎるびい　☎025-247-7419
新潟市東大通1-6-9

〈石川県〉

SAND BAR　☎076-221-2249
金沢市片町2-6-11 ウォールビル1F
ロブロイ　☎076-222-6261
金沢市片町1-7-9 西川ビル2F
倫敦屋酒場　☎076-232-2671
金沢市片町1-12-8
BARSPOON　☎076-262-5514

〈宮城県〉
DININGBAR CAVE　☎022-222-9937
仙台市青葉区一番町4-4-12 鳳山ビルB1
バー クラドック　☎022-225-4653
仙台市青葉区国分町1-8-14 仙台第二協立ビル地階
BACCHUS　☎022-261-6795
仙台市青葉区一番町4-4-8
〈秋田県〉
モルト　☎018-862-9680
秋田市大町5-3-14 第2ソワレドNKビル2F
〈福島県〉
Cooper's Bar　☎0242-22-0198
会津若松市馬場町1-3
〈茨城県〉
BAR Selene　☎029-221-9447
水戸市南町3-2-45 木村ビル2F
酒工房 LAHAINA　☎029-226-5725
水戸市備前町5-27
Public Bar Islands　☎0479-48-2100
神栖市土合南3-1-19
〈栃木県〉
ダイニングバー スカット　☎028-636-4644
宇都宮市池上町1-3 蒲生ビル2F
VAL'S BAR　☎028-635-8676
宇都宮市二荒町5-18
バー・シャモニー　☎028-636-8760
宇都宮市江野町10-2
パイプのけむり Furuya　☎0287-37-6514
那須郡西那須野町永田町15-15 グラマラスマンション1F
〈埼玉県〉
LINN HOUSE　☎048-882-0108
さいたま市浦和区東仲町1-16 鳥昇ビルB1F
〈千葉県〉
バグース　☎047-326-9532
市川市市川1-7-16 コスモ市川2F
BAR PEAT　☎047-378-3932
市川市南八幡3-4-8 HKアルファビル2F
〈東京都〉
Scotch Club Ichiyo　☎03-3289-1400
港区新橋1-9-1 北川ビルB1
Mile End　☎03-3401-0330
港区西麻布1-4-41 麻布ファーストビル1F
無垢　☎03-3797-6969
港区西麻布2-10-2 五十嵐ビル1F
ダイニングバー ホワイエ
港区赤坂2-14-12　☎03-3585-1088
グレース　☎03-3583-6080
港区赤坂2-9-6 日交赤坂ビルB1
White Label　☎03-3583-6013
港区赤坂3-15-4 赤坂バリ島ビルB1
タート・ヴァン　☎03-3582-8891
港区赤坂3-19-3 クワムラビル2F
赤坂 OLD TIME　☎03-5563-9606
港区赤坂5-1-37-1F
EXCELLENT BAR GABY　☎03-5563-0331
港区赤坂6-10-39 ソフトタウン赤坂1F
ですぺら　☎03-3584-4566
港区赤坂3-18-10 サンエム赤坂ビル3F
HELMSDALE　☎03-3486-4220
港区南青山7-13-12 南青山森ビル2F
西洋酒房 命乃水　☎03-3456-2488
港区麻布十番3-4-10
SIDE TWO　☎03-3403-1660
港区六本木3-8-1 六本木サンアネックス3F
Cask　☎03-3402-7373
港区六本木3-9-11 MAIN STAGE 六本木ビルB1
BAR blúe　☎03-3280-9298
渋谷区恵比寿1-12-5 萩原III5F
ODIN　☎03-3445-0996
渋谷区恵比寿1-8-18 K-1ビルB1
バー ラルゴ　☎03-3400-5594
渋谷区渋谷1-6-3 タカトリビルB1
Le Zinc　☎03-3461-5623
渋谷区円山町22-15
REFRAIN　☎03-3354-7590
新宿区新宿3-20-1 嶋田ビルB1
バー 金魚　☎03-3354-0008
新宿区新宿3-31-1 NRE ビルB1
ÇAVA ÇAVA　☎03-3353-4650
新宿区新宿3-3-9 伍名館ビルB1
Fingal　☎03-3235-2378
新宿区神楽坂3-1
BAR ARGYLL　☎03-3344-3442
新宿区西新宿1-4-17 第一宝徳ビル3F
BAR SunSet　☎03-3709-1717
世田谷区玉川3-10-11 ジ・エイペックスビルディング2F
WHISKY CAT　☎03-5430-6278
世田谷区代沢5-8-11
SLUGS　☎03-3289-2123
中央区銀座7-4-5 長谷川ビルB1
キャンベルタウンロッホ　☎03-3501-5305
千代田区有楽町1-6-8 松井ビルB1F

日本のスコッチバー

日本でもスコッチウイスキーが楽しめる本格的なバーが本当に多くなりました。スペースの都合上、これだけしか挙げることができませんでしたが、まだまだ名店はたくさんあります。どうぞ御自身の足で自分だけの一軒を探してみて下さい。

〈北海道〉

BAR PROOF ☎011-231-5999
札幌市中央区南三条西三丁目 都ビル5F

ドゥ・エルミタアヂュ ☎011-232-5465
札幌市中央区南三条西四丁目 南三西四ビル10F

CEPD'OR ☎011-242-7517
札幌市中央区南三条西六丁目1-3

スコッチハウス クラン ☎011-512-7457
札幌市中央区南六条西四丁目 G4ビル8F

THE BOW BAR ☎011-532-1212
札幌市中央区南四条西二丁目7-5 ホシビル8F

しぇりー BAR TAKAHARA ☎011-281-5818
札幌市中央区南四条西五丁目 第4藤井ビル6F

BAR 無路良（ブローラ） ☎011-531-7433
札幌市中央区南五条西三丁目 ラテンビル3F

bar Diversion ☎011-612-0705
札幌市西区琴似二条一丁目3-5 玉田ビル2F

Cocktail Bar CONCORD21 ☎0138-56-5331
函館市本町1-42 シノン館1F

アディクト ☎0138-22-0678
函館市若松町19-5

ニューヨーク・ニューヨーク
函館市杉並町21-17 ☎0138-54-0197

セント・アンドリュース ☎0154-22-2265
釧路市末広4-10

BAR MASAKI ☎0157-26-3288
北見市北六条西二丁目 エイトビル2F

ベル・オブ・リンカーン ☎0166-24-2451
旭川市四条六丁目 吉田ビルB1

〈岩手県〉

パブ エル・アミーゴ ☎0193-62-4571
宮古市新町2-13

索引

蒸留所・銘柄名

人名

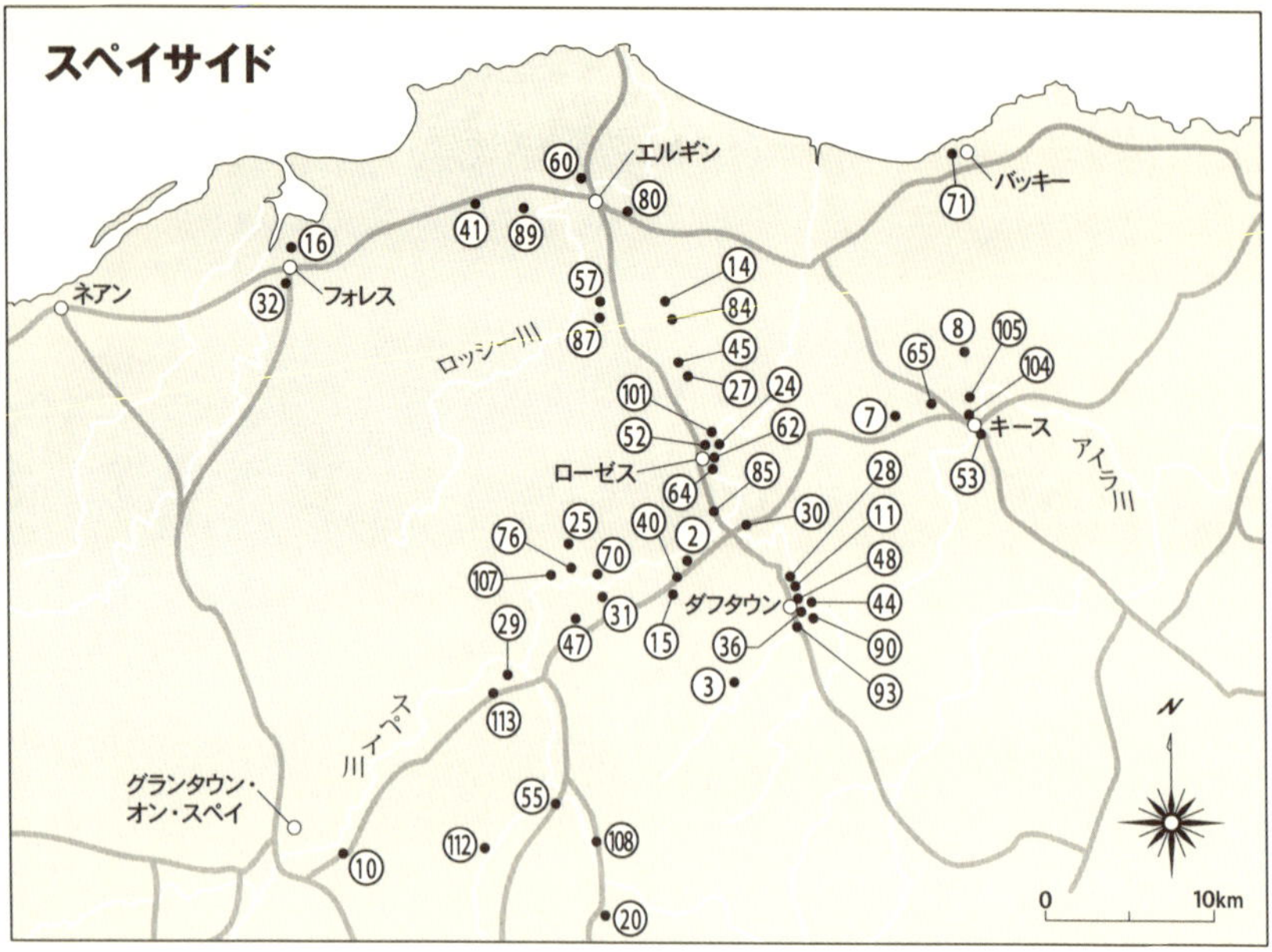

① アバフェルディ
② アベラワー
③ アルタナベーン
④ アードベッグ
⑤ アードモア
⑥ オーヘントッシャン
⑦ オスロスク
⑧ オルトモーア
⑨ バルブレア
⑩ バルミニック
⑪ バルヴィニー
⑫ バンフ
⑬ ベンネヴィス
⑭ ベンリアック
⑮ ベンリネス
⑯ ベンローマック
⑰ ブラッドノック
⑱ ブレア・アソール
⑲ ボウモア
⑳ ブレイヴァル
㉑ ブルイックラディ
㉒ ブナハーブン
㉓ カリラ
㉔ キャパドニック
㉕ カードゥ
㉖ クライヌリッシュ
㉗ コールバーン
㉘ コンバルモア
㉙ クラガンモア
㉚ クレイゲラヒー
㉛ ダルユーイン
㉜ ダラスドゥー
㉝ ダルモア
㉞ ダルウィニー
㉟ ディーンストン
㊱ ダフタウン
㊲ エドラダワー
㊳ フェッターケアン
㊴ グレンアルビン
㊵ グレンアラヒ
㊶ グレンバーギ
㊷ グレンカダム
㊸ グレンドロナック
㊹ グレンダラン
㊺ グレンエルギン
㊻ グレネスク
㊼ グレンファークラス
㊽ グレンフィディック
㊾ グレンギリー
㊿ グレングラッサ
(51) グレンゴイン
(52) グレングラント
(53) グレンキース
(54) グレンキンチー
(55) グレンリベット
(56) グレンロッキー
(57) グレンロッシー
(58) グレンモール
(59) グレンモーレンジ
(60) グレンマレイ
(61) グレンオード
(62) グレンロセス
(63) グレンスコシア
(64) グレンスペイ
(65) グレントファース
(66) グレンタレット
(67) グレンアギー
(68) グレンユーリーロイヤル
(69) ハイランドパーク
(70) インペリアル
(71) インチガワー
(72) インヴァリーブン
(73) アイル・オブ・アラン
(74) アイル・オブ・ジュラ
(75) キンクレイス
(76) ノッカンドオ
(77) ノックドゥー
(78) ラガヴーリン
(79) ラフロイグ
(80) リンクウッド
(81) リトルミル
(82) ロッホローモンド
(83) ロッホサイド
(84) ロングモーン
(85) マッカラン
(86) マクダフ
(87) マノックモア
(88) ミルバーン
(89) ミルトンダフ
(90) モートラック
(91) ノースポート
(92) オーバン
(93) ピティヴェアック
(94) ポートエレン
(95) プルトニー
(96) ローズバンク
(97) ロイヤルブラックラ
(98) ロイヤルロッホナガー
(99) セントマグデラン
(100) スキャパ
(101) スペイバーン
(102) スペイサイド
(103) スプリングバンク
(104) ストラスアイラ
(105) ストラスミル
(106) タリスカー
(107) タムドゥー
(108) タムナヴーリン
(109) テナニヤック
(110) トバモリー
(111) トマーチン
(112) トミントゥール
(113) トーモア
(114) タリバーディン
Ⓐ キャメロンブリッジ
Ⓑ ダンバートン
Ⓒ ガーヴァン
Ⓓ インバーゴードン
Ⓔ ロッホローモンド
Ⓕ ノースブリティッシュ
Ⓖ ポートダンダース
Ⓗ ストラスクライド

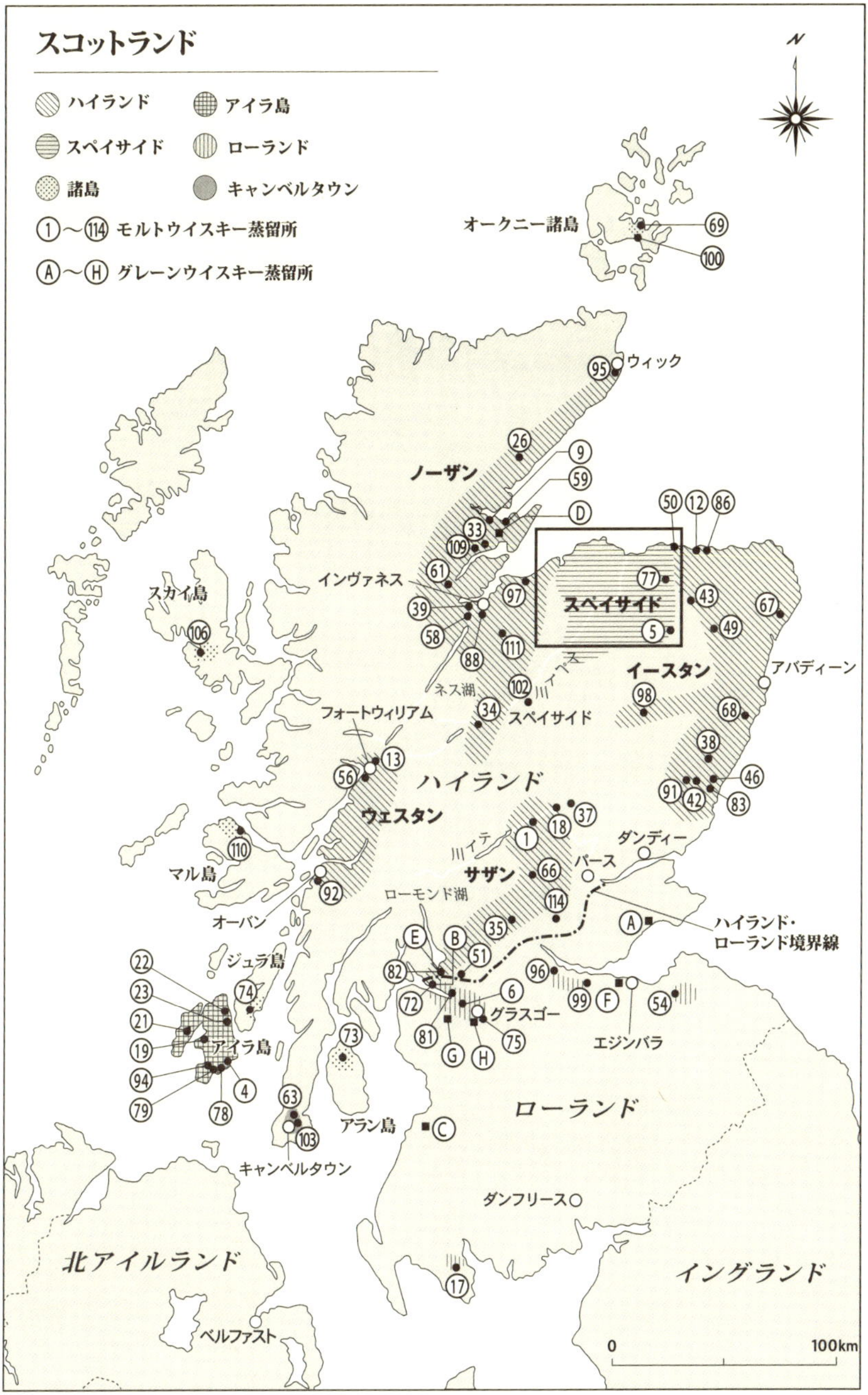

スコットランド
ハイランド
スペイサイド
諸島
アイラ島
ローランド
キャンベルタウン
①〜⑭ モルトウイスキー蒸留所
Ⓐ〜Ⓗ グレーンウイスキー蒸留所
N
オークニー諸島
69
100
ウィック
95
26
9
59
D
ノーザン
33
109
61
インヴァネス
97
39
58
88
111
102
34
ネス湖
スペイ川
スペイサイド
50
12
86
77
43
5
67
49
イースタン
アバディーン
98
68
38
46
91
42
83
スカイ島
106
フォートウィリアム
13
56
ハイランド
ウェスタン
37
18
1
テイ川
ダンディー
パース
サザン
66
114
マル島
110
92
オーバン
ローモンド湖
35
A
ハイランド・
ローランド境界線
E
B
51
82
96
6
72
99
F
54
グラスゴー
81
75
G
H
エジンバラ
ジュラ島
74
22
23
21
19
94
79
アイラ島
4
78
73
63
103
アラン島
C
キャンベルタウン
ローランド
ダンフリース
17
北アイルランド
ベルファスト
イングランド
0
100km

地図制作　亀垣久美
撮影協力　Fingal（p. 49）
スコッチモルトウイスキー・ソサエティ（p. 49, p. 79）
写真提供　ジャーディン ワインズ アンド スピリッツ㈱（p. 43, p. 74, p. 115）
写真（上記以外）　土屋守

新潮選書

スコッチ三昧《ざんまい》

著　者……………土屋《つちや》　守《まもる》

発　行……………2000年 5月30日
5　刷……………2008年 4月15日

発行者……………佐藤隆信
発行所……………株式会社新潮社
〒162-8711 東京都新宿区矢来町71
電話　編集部 03-3266-5411
　　　読者係 03-3266-5111
http://www.shinchosha.co.jp
印刷所……………東洋印刷株式会社
製本所……………株式会社植木製本所

ISBN978-4-10-6005930-9 C0377

ワイン生活
楽しく飲むための200のヒント
田崎真也
和食や中華料理に合うワインとは？　間違いのないワインの買い方とは？　余ったワインを使い切るコツとは？　世界一のソムリエが自由な発想でガイドする！
《新潮選書》
ワイン上手
深く味わう人へのアドヴァイス
田崎真也
木樽と味の関係は？　白は赤より長持ちする！グラスで味はどう変わる——自然環境・栽培・醸造から飲み方の基本まで、深く味わうための画期的な一冊！
《新潮選書》
中国名茶紀行
布目潮渢
日本の茶のルーツ、中国。その名茶のふるさとをたどりながら喫茶の起源、風土、名水との関係、緑茶、紅茶、烏龍茶の製法などを語る。茶の全てがわかる。
《新潮選書》
恋愛哲学者モーツァルト
岡田暁生
音楽は男と女をどう描いたのか？「後宮」から「魔笛」に至る傑作群を、恋愛オペラ五部作として読み解く驚異のモーツァルト論。オペラの見方が変る！
《新潮選書》
木工の世界
早川謙之輔
家具・調度のたぐいから日常手にする小物まで。身の回りの木工製品を現代の匠が描く待望のエッセー集！　制作の裏話から楽しい暮らしへの実用の数々。
《新潮選書》
原始人健康学
家畜化した日本人への提言
藤田紘一郎
現代人はなぜO-157や花粉症に苦しむのか。病原微生物との共生の大切さを説く寄生虫博士が、本当の健康とは何かを問う、世界一清潔な国への警告！
《新潮選書》

家紋の話
——上絵師が語る紋章の美——
泡坂妻夫
繊細で大胆なアイデアと斬新なデザイン——世界に類のない紋章文化。40年以上も上絵師として活躍した著者が、職人の視点で、家紋の魅力の全てに迫る！
《新潮選書》

分類という思想
池田清彦
分類するとはどういうことか、その根拠はいったい何なのか——豊富な事例にもとづいてこの素朴な疑問を解き明かす。生物学の気鋭がおくる分類学の冒険。
《新潮選書》

謎ときシェイクスピア
河合祥一郎
「シェイクスピア別人説」は今なお絶えない。本当は誰だったのか？ 陰謀渦まくエリザベス朝を背景に、演劇史上最大のミステリーを解き明かす決定版！
《新潮選書》

五重塔はなぜ倒れないか
上田篤編
法隆寺から日光東照宮まで、五重塔は古代いらい日本の匠たちが培った智恵の宝庫であった。中国・韓国に木塔のルーツを探索し、その不倒神話を解説する。
《新潮選書》

漱石とその時代（I〜V）
江藤淳
日本の近代と対峙した明治の文人・夏目漱石。その根源的な内面を掘り起こし、深い洞察と豊かな描写力で決定的漱石像を確立した評伝の最高峰、全五冊！
《新潮選書》

老いてますます楽し
貝原益軒の極意
山崎光夫
虚弱で不遇だった益軒の人生は、中年を過ぎて開花した。生涯現役、夫婦相愛、健康にして長寿。この、うらやましい人生！ 益軒に学ぶ攻めの養生術。
《新潮選書》

卵が私になるまで
——発生の物語——
柳澤桂子

一ミリにも満たない受精卵は、どういうメカニズムで《人間のかたち》になるのだろう? 生物学の最前線が探り得た驚くべき生命現象を分かりやすく解説。

《新潮選書》

発酵は錬金術である
小泉武夫

難問解決のヒントは発酵! 生ゴミや廃棄物から「もろみ酢」「液体かつお節」など数々のヒット商品を生み出した、コイズミ教授の〝発想の錬金術〟の極意。

《新潮選書》

シェイクスピアの面白さ
中野好夫

奇抜な発想、洒脱な人間論等、自由奔放な解釈で詩聖のヴェールを剥ぎ、秘められた無類の面白さをひき出す。シェイクスピア文学の楽しさを更に高める快著。

《新潮選書》

危険な脳はこうして作られる
吉成真由美

独裁者の誕生も、少年達が殺人を犯すのも、天才と狂気が紙一重なのも、全ては「脳」に答えがある! 戦慄の事件や病める人々を完全分析、脳の秘密に迫る。

《新潮選書》

「里」という思想
内山節

グローバリズムは、私たちの足元にあった継承される技や慣習などを解体し、幸福感を喪失させた。今、確かな幸福を取り戻すヒントは「里＝ローカル」にある。

《新潮選書》

精神科医の子育て論
服部祥子

思春期に挫折する子どもが増えてきたのはなぜか? 成長過程で一つずつ越えねばならぬ問題点を年齢ごとに取り出し、適切な親の手助けを臨床医が語る。

《新潮選書》